温州市耕地地力及其管理

◎ 张 剑 主编

中国农业科学技术出版社

图书在版编目（CIP）数据

温州市耕地地力及其管理／张剑主编. --北京：中国农业科学技术出版社，2022.4
ISBN 978-7-5116-5716-9

Ⅰ.①温… Ⅱ.①张… Ⅲ.①耕作土壤-土壤肥力-土壤调查-温州②耕作土壤-土壤评价-温州 Ⅳ.①S159.255.3②S158.2

中国版本图书馆 CIP 数据核字（2022）第 042282 号

本书地图经温州市自然资源和规划局审核
审图号：浙温 S（2021）34 号

责任编辑　李冠桥
责任校对　贾海霞
责任印制　姜义伟　王思文

出 版 者　中国农业科学技术出版社
　　　　　北京市中关村南大街 12 号　　邮编：100081
电　　话　（010）82109705（编辑室）　　（010）82109702（发行部）
　　　　　（010）82109709（读者服务部）
网　　址　http://www.castp.cn
经 销 者　各地新华书店
印 刷 者　北京建宏印刷有限公司
开　　本　210 mm×297 mm　1/16
印　　张　8.25　彩插　16 面
字　　数　267 千字
版　　次　2022 年 4 月第 1 版　2022 年 4 月第 1 次印刷
定　　价　60.00 元

《温州市耕地地力及其管理》
编委会

主　　编：张　剑

副 主 编：任周桥　连正华

参编人员（按姓氏笔画排序）：

王　泽　王宝档　邓勋飞　吕晓男　刘恒旭

张　禹　张文勇　张丽君　张佳佳　陈建民

陈晓佳　赵丽芳　费徐峰　徐飘飘　黄祥玉

黄鹏武　蒋武毅

审　　稿：章明奎

内容提要

　　本书是近年来温州市及所辖各县（市、区）开展的测土配方施肥、标准农田地力提升、土壤改良和污染农田安全利用等项目的重要成果之一。书中概述了影响温州市耕地形成的自然条件，剖析了境内主要土壤的生产性能；介绍了耕地质量调查与评价的方法，分析了耕地质量时空变化规律，分节阐述了温州市各级耕地的分布、立地条件、养分状况和生产性能及管理建议；介绍了新垦耕地的肥力质量特点和耕地环境质量类别的划分情况，分析了耕地土壤污染空间分布特征与污染成因，提出了新垦耕地的质量管理途径；从土壤有机质的维持与提升、耕地土壤酸化的预防与修复、土壤盐渍化治理、土壤物理障碍因素改良和平衡施肥－测土配方施肥等方面，构建了境内耕地改良的主要技术体系；针对滨海盐土、平原区渍水土壤、坡旱耕地和连作蔬菜地等阻碍耕地利用的因素，分类提出了耕地的治理与耕地地力提升的思路与改良技术，并试验总结了温州市标准农田地力提升技术措施。

前　言

"民以食为天，食以土为本"。保护耕地数量与提高耕地质量，对农业丰产、社会稳定与可持续发展至关重要。要实行最严格的耕地保护制度，保证国家粮食安全，保护、提高粮食综合生产能力，稳定一定数量的耕地，这在人多地少的温州市尤为重要。

温州市地处浙江省东南部，东濒东海，南毗福建，西及西北部与丽水市相连，北部和东北部与台州市接壤。地理坐标为北纬 27°03′~28°36′、东经 119°37′~121°18′。温州市陆域面积 12 110km²，东西宽 163km，南北长 176km。海域面积 8 649km²。具有"七山二水一分田"的地貌特征。农业是温州市的传统产业，提升耕地地力和保护农村生态环境，增加农业生产效益，保证农产品质量安全，促进农业可持续发展一直深受温州市各级政府领导的高度重视。为切实保护好耕地，维持温州市的长远发展，近年来温州市及所辖各县（市、区）相继开展了耕地质量调查与评价、标准农田地力提升、土壤改良和污染农田安全利用等工作。通过温州市耕地质量的调查与动态监测，明确了温州市耕地土壤肥力状况和质量等级以及耕地质量的时空变化规律，基本查清了各县（市、区）耕地基础生产能力、土壤养分状况、土壤障碍因素和土壤综合质量状况；通过标准农田地力提升项目的实施，明显提高了境内耕地质量和土壤肥力水平；通过耕地土壤环境质量的研究，揭示了耕地土壤污染空间分布特征与污染成因及耕地环境质量类别的分布现状；同时，为了实现市内耕地的占补平衡，各县（区、市）持续多年实施补充耕地建设。通过测土配方施肥技术的持续推广，实现了测土配方施肥由"点指导"向"面指导"扩展、由"简单分类指导"向"精确定量分类指导"的转变，真正做到"以点测土、全面应用"；实现了由田间地头直接指导、发放施肥建议卡等传统指导方法，向利用现代信息技术进行社会化服务的先进服务形式的转变，施肥水平有明显的提高。

为了全面总结以上项目成果，发展和完善温州市的土肥技术，我们编写了《温州市耕地地力及其管理》一书。本书的出版是温州市各县（市、区）土肥系统人员共同努力的结果，编写过程中得到了浙江省农业科学院等单位的大力支持。

由于编者水平有限，加上时间仓促，不足之处在所难免，敬请读者给予指正。

编　者
2021 年 12 月

目　　录

第一章　温州市耕地形成自然条件

耕地的质量内容包括耕地用于一定的农作物栽培时，耕地对农作物的适宜性、生物生产力的大小（耕地地力）、耕地利用后经济效益的多少和耕地环境是否被污染四个方面。其生产能力是特定气候区域以及地形、地貌、成土母质、土壤理化性状、农田基础设施及培肥水平等要素综合作用的结果，由立地条件、土壤条件、农田基础设施条件及培肥水平等因素影响并决定，它是耕地内在的、基本素质的综合反映。因此，耕地质量深受各种自然要素的影响。

第一节　地形地貌

一、地貌特征

温州市大地构造属于闽浙地块的东北部，青田—寿宁基底断裂东南侧，其次级单元为温州—泰顺隆起带，呈北东方向展布。由于新构造运动上升强烈和流水的侵蚀，地壳表面以侵蚀为基本特征。在内外营力的交互作用下，温州市域构成三面环山，一面临海的地貌特点。受地质构造的影响，境内地势从西南向东北呈梯形倾斜，地貌可分为西部中低山区，中部低山丘陵盆地区，东部平原滩涂区和沿海岛屿区。境内洞宫山山脉雄踞于西；括苍山山脉盘亘西北；中部雁荡山脉，以瓯江为界，分南雁荡山脉与北雁荡山脉；瓯江、飞云江、鳌江三大河流自西向东贯穿山区平原入海；东部沿海平原河网交错。

温州市地形地貌多样，具有低山、丘陵、河谷盆地、水网平原、滨海平原、浅海滩涂岛屿等地形地貌层次，素有"七山二水一分田"的说法。海域岛屿按自然区域自北向南划分 8 个岛群，分别为：乐清湾岛群、瓯江河口岛屿、洞头列岛、大北列岛、北麂列岛、南麂列岛、南部近海岛群、七星列岛。洞宫山脉自福建省东北东走向延伸于泰顺、文成二县，括苍山脉从永嘉西部东北东走向至黄岩、仙居，海拔多在千米以上，又因断裂作用，构成巍峨的中山山地；南雁荡山脉和北雁荡山脉逐渐降低成千米以下的低山丘陵地带。沿海岛屿是山地入海的延续，都是大陆岛，在海岸和海之间，有或宽或窄的滩涂，是新生的土地。地貌主要有流水地貌和海岸地貌两大类型，山地面积约占62%，丘陵约占 20%，平原约占 18%。

二、山脉

温州市属东南沿海丘陵地区，西南洞宫山脉，由龙泉、景宁延伸入泰顺、文成县境内；西北面括苍山脉自缙县、仙居分支进入永嘉；自东北走向西南的雁荡山脉贯穿其中，成为温州市山脉的主体，其支脉伸入大海，形成海湾与岛屿、山脉自西南向东北走向，垂直高度相差悬殊。温州市 1 000m 以上山峰有 240 余座，最高峰为泰顺县的白云尖，1 611m。

洞宫山脉　位于浙江省南部、浙闽边境，为武夷山余脉。从福建省进入浙江后，向东延展，呈西南—东北走向。山脉总体山势较高，大部分海拔在 1 000~1 500m。主峰在庆元县境内的百山祖，海拔 1 856.7m。支脉向四周延伸，组成了洞宫山。起伏绵亘在龙泉、景宁、云和、青田及莲都等市（县、区）。

括苍山脉 地处浙东中南部，南呼雁荡，北应天台，西邻仙都，东瞰大海，位于丽水、青田、缙云、仙居、永嘉、临海、黄岩诸县（市、区）之间，为灵江水系与瓯江水系的分水岭，主峰米筛浪海拔 1 382.4m，系浙东南最高峰之一。

雁荡山脉 位于温州市乐清市境内，部分位于永嘉县及温岭市，主要由流纹岩构成，以山水奇秀闻名，号称东南第一山。按地理位置不同可进一步分为北雁荡山、中雁荡山、南雁荡山、西雁荡山（泽雅）、东雁荡山（洞头半屏山）。北雁荡山位于乐清市境内东北部，是全国十大名山之一、国家重点风景名胜区，主峰百岗尖海拔 1 150m。南雁荡山位于平阳南雁镇，主峰九峰尖，海拔 1 237.3m，山顶有泥塘沼泽，秋冬大雁在此栖息，且与北雁荡山遥望相对。西雁荡山（泽雅）位于温州市瓯海区泽雅镇，主峰崎云山位于瑞安、青田、瓯海交界，海拔 1 052m。中雁荡山原名白石山，位于乐清市白石镇，主峰玉甑峰海拔 598.3m，是一座天然演变形成的凸峰。东雁荡山又称半屏山景区，位于温州瓯江口外的洞头县，最高点烟墩山海拔 391.8m。

三、河流水系

温州市主要江河有瓯江、飞云江和鳌江。独流入海的河流有乐清湾、大渔湾、沿浦湾三个水系。此外，入闽水系有苍南的矾山溪、泰顺的彭溪、会甲溪、仕阳溪、寿泰溪等。沿海平原人工河网主要有乐清塘河、温瑞塘河、瑞平塘河、鳌江塘河、南港、江南等内河水网。

瓯江 又名永嘉江，唐代称温州，明代始名瓯江，它是浙江省第二大江河，发源于浙江省庆元、龙泉两县市交界的百山祖锅帽尖，从温州市流入东海。全长 388km，流域总面积 17 859km²。瓯江下游温州段干流长度 78km，流域面积 4 066km²，占瓯江流域总面积的 22.67%。瓯江上游下至青田温溪属山溪性河流，行政区属丽水地区，温溪以下至河口属感潮河段，行政区属温州市。瓯江下游温州段一级支流中，流域面积在 100km² 以上的有：菇溪、西溪、戍浦江、楠溪江 4 条。下游左岸永乐平原河网，右岸温州平原河网，共有 8 条塘河分别注入瓯江或楠溪江，8 条塘河分别是：温瑞塘河、永强塘河、灵昆塘河、七都河道、乐琯塘河、乌牛河道、罗溪河道、瓯北河道。

飞云江 三国时名罗阳江、安阳江，晋代名安固江，初唐称瑞安江，唐天复三年（公元 903年）以飞云渡而易名飞云江。飞云江属浙江省八大江河之一，发源于泰顺县与景宁县交界的白云尖西北坡漈坑（属景宁县井南乡境），海拔 1 611m。白云尖的东南坡属泰顺县，西北坡属景宁县。白云尖为洞宫山脉南支，干流由西向东逶迤，流经景宁、泰顺、文成、瑞安等县（市），在瑞安市上望镇新村入东海。主流河长 198km，流域面积 3 712km²（其中属景宁县 224.44km²），河流落差 1 300m。飞云江支流的流域面积在 100km² 以上的有：司前溪、洪口溪、莒江溪、岩作口溪、泗溪、玉泉溪、高楼溪、金潮港 8 条。飞云江下游两岸有瑞平塘河、温瑞塘河和陶山河网。

鳌江 曾名始阳江、横阳江、钱仓江。民国时期，江口潮流波涛汹涌，状若巨鳌负山，遂易名"鳌江"，鳌江是浙江省八条主要江河之一，位于温州西南部，主流发源于南雁荡山脉的吴地山麓，主峰高程 1 124m。源头海拔 835m，在文成县桂山乡桂库村。鳌江支流 11 条，其中集雨面积在 20~50km² 的支流有石柱溪、坳下溪、岳溪、青街溪、南雁溪、闹村溪、风卧溪 7 条；80~100km² 的支流有：怀溪、带溪、梅溪 3 条；700km² 以上的有横阳支江。鳌江河口左岸是鳌江平原。右岸是南港平原和江南平原。

独流入海水系 温州沿海有乐清湾西岸河溪、大渔湾、沿浦湾 3 个独流入海小水系。乐清湾是瓯江口背面隐蔽海湾，海域面积 427km²，东有楚门半岛和玉环岛，西北面是乐清平原，形成独特的乐清湾西岸的水系。主要河流有大荆溪、白溪、清江、虹桥溪、乐城河等，合计流域面积 986.64km²。沿浦湾位于苍南县南部马站片，俗称"蒲门水系"，流域面积 143.5km²。沿浦湾水域面积 6.175km²，主要河流有沿浦河、下在河、岭尾河直流入海；大渔湾位于苍南县以东赤溪片，流域面积 101.4km²，主要河流有赤溪、石塘溪、沙坡溪独流入海。

温州市西南山区与福建省交界。地处西南隅的苍南县矾山溪、泰顺县彭溪、会甲溪、仕阳溪、寿泰溪等山溪河流，出县境入闽东北的沙埕港及三都澳水系出东海。

四、土地利用

温州市土地总面积为 1 225 577hm²，其中农用地 967 301hm²，占土地总面积的 78.93%；建设用地 81 071hm²，占土地总面积的 6.61%；其他土地 177 205hm²，占土地总面积的 14.46%。农用地中，耕地 240 810hm²，占农用地总面积的 24.9%；园地 35 294hm²，占农用地总面积的 3.65%；林地 633 364hm²，占农用地总面积的 65.48%；其他农用占农用地 57 803hm²，占农用地总面积的 5.97%。温州人均耕地 0.03hm²，耕地立地条件差，平坡耕地仅占 37%，是人口多、耕地少的典型地区。温州耕地种植粮食作物以水稻为主，经济作物主要有柑橘、茶叶、枇杷、杨梅、甘蔗、黄麻、番茄等 160 余种。2019 年全年粮食种植面积 10.8 万 hm²，粮食产量 63.7 万 t。

第二节 气候与水文

温州市为中亚热带季风气候区，冬夏季风交替显著，温度适中，四季分明，雨量充沛。年平均气温 17.3~19.4℃，1 月平均气温 4.9~9.9℃，7 月平均气温 26.7~29.6℃。冬无严寒，夏无酷暑。年降水量在 1 113~2 494mm。春夏之交有梅雨，7—9 月间有热带气旋，无霜期为 241~326d。年日照数在 1 442~2 264h。温州市的主要灾害性气候有台风、暴雨、干旱、低温、冻害等。

温州市冬季盛行从大陆吹来的偏北风，气温较低，雨水较少，湿度蒸发较小。夏季盛行从海洋吹来的偏南风，湿大雨多，气温较高。春季天气多变，时常阴雨连绵。秋季大气较稳定，常见"秋高气爽"天气。全年气候总特点是：温度适中，热量丰富；雨水充沛，空气湿润；四季分明，季风显著；气候多样，灾害频繁。

冷热适中、热量丰富：温州常年平均气温在 18℃ 左右，这是人类活动最为适宜的气候条件。根据温州市气象台历年各月逐日逐时气温记录及人的冷热舒适要求，温暖舒适期（10~28℃）每年长达 9 个月，出现时数可达 6 500h，占全年总时数的 74%。全年>0℃活动积温约 6 500℃，无霜期 275d，是浙江省热量资源最丰富的地区。

雨水充沛，空气湿润：温州市各地平均年雨量约 1 800mm，比我国同纬度地区（500~1 500mm）多得多；既是浙江省降水资源最丰地区，又是我国多雨地带，与世界同纬度地区相比雨量之多尤为突出，因地球上该纬度地区的其他各国多为干旱的沙漠气候所占据，年雨量大部地区在 100mm 以下，因此，年雨量要超过同纬度地区平均值的好几倍。

季风显著、四季分明：季风是盛行风向随季节转换而有显著变化的现象，冬季严寒的亚洲内陆形成强大的蒙古高压，温暖的海洋是低压，温州盛行偏北冬季风。相反，夏季海洋是高压，风从海洋吹向大陆，盛行偏南风（或偏东风），随着风向的季节交替，气温、降水、温度等主要气候要素也随之发生明显的年变化。冬季风干燥寒冷，夏季风湿润多雨，秋季各地多吹稳定的偏北风，天气晴朗，春夏之间季风交替频繁，阴雨多，气候变化复杂。

受地质构造制约，温州市河流发育多沿华夏式断裂线流向，干流大抵西向东流，又因纵横断裂影响，支流多构成羽状水系。境内河流多为山溪性强潮河，源头海拔 1 000m 以上，下游则在滨海平原，河床比降大。上游谷深坡陡，河床呈"V"形，水急滩险。河口为溺谷，深受潮汐影响，水流缓而多泥沙沉积。集水区域的降雨形式以梅雨和台风雨最多。各河流汛期的出现主要在 6—9 月，而 12 月至翌年 1 月水位最低。年最高水位和最低水位的变幅，平原河流一般是 2~3m，山区河流可达 10 多米。由于气候温暖湿润，植被保存较好，河流的含沙量较少，南雁山区、括苍山区是浙南暴雨中心，暴雨强度大，冲刷能力强。飞云江、鳌江、蒲江等沿河坡地土壤遭受严重冲刷，含沙量高;河口感潮段,因受潮汐顶托作用,河水特别混浊。各河流的水温年平均值在 19℃ 左右,有明显的季节变化。最高月平均水温多出现在 7 月,最低月平均水温在 1 月或 2 月;年际变化不大。

温州市有大小河流 150 余条,水资源较丰富。据温州市水利部门估算,全市水资源总量为141.13 亿 m^3,人均占有量约 2 240m^3。在水资源中,地表水资源为 111.85 亿 m^3,地下水资源29.28 亿 m^3。由于地质地貌等因素影响,水资源在地区的分布上并不均衡,其中山地丘陵约 75.04亿 m^3,占全市地表水总量 67%;东部平原地区约 36.68 亿 m^3,占全市地表水总量 32.8%;而海岛仅占 0.2%。

第三节 土壤类型及其生产性能

根据 20 世纪 80 年代开展的温州市第二次土壤普查,温州市土壤划分为红壤、黄壤、紫色土、粗骨土、石质土、新积土、山地草甸土、潮土、滨海盐土、水稻土 10 个土类,19 个亚类,44 个土属,88 个土种。其中,主要耕地土壤为水稻土、潮土、红壤、黄壤、滨海盐土、紫色土和粗骨土,其发生过程和生产性状总结如下。

一、水稻土

水稻土遍布于温州市水网平原、滨海平原、河谷平原和丘陵山地,是温州市最为重要的农业土壤,其占温州市土壤总面积的 20.30%。水稻土是各种起源土壤(母土)或其他母质经过平整造田和淹水种稻,进行周期性灌、排、施肥、耕耘、轮作下逐步形成的。其形成有以下特点。

1. 有机质的积累

水稻土耕作层同母土的表土比较,其有机质含量趋于稳定。耕作层有机质的胡富比与母土比较,也显示明显的提高,这反映土壤腐殖质的品质有所改善。水稻土的碳氮比值一般均趋近于 10;而不同于一些母土的碳氮比值,呈高低错落而无规律的状况。水稻土耕作层有机质的这种现状,同常年施入的有机肥及根茬等有机物相配合,在水田独特的灌排措施影响下,将持续地显示其强烈的"假潜育"过程,推动着土体内物质独特的转化和移动。所以,水稻土有机质状况,除了它对养分肥力所作贡献外,应特别重视它的"假潜育"对土壤剖面分化育的贡献。由于耕作层可分解有机质在渍水条件下的分解(脱氢并释放出电子),使土壤中游离铁、锰化合物被强烈还原,大大提高它们的溶解度和活度;同时还产生一定的有机络合作用。所以,同起源土壤或母土的表土及同剖面其他土层相比较,水稻土耕作层游离铁的活化度(无定形铁、游离铁)很高,晶胶化(晶质铁/地定形铁)变得最小,而铁的络合度(络合铁/游离铁)最大。

2. 剖面的铁锰分层和斑纹化

在一般的母土或母质中,游离铁、锰氧化物的含量可分别高达百分之几和千分之几,含量很高。这些化合物在被还原为低价态时,其浓度或离子活度都大大超过其氧化态,因而前者(还原态)易随水迁移;后者(氧化态)易就地淀积。同时还原态和氧化态铁、锰化合物的颜色,均互不相同,差异显著,所以水稻土的氧化还原作用可在土壤色调上有所反映,具有形态发生学意义。就铁、锰这两个易变价的元素比较而言,高价锰比高价铁更易接受电子而降低化学价,故在土壤的一定 Eh 范围内,高价锰先于高价铁而被还原;反之,低价铁先于低价锰被氧化。由这种氧化还原序列的制约,水稻土剖面上就会呈现氧化锰迁移淀积在下层,而氧化铁迁移淀积在上层的"铁锰分层"现象。氧化态铁、锰化合物可淀积在排水落干的耕作层,而呈"鳝血斑";也可淀积在心、底土的棱柱状结构面上,造成局部层段土壤的"斑纹化";水稻土的下层土壤也常保持着灰青色,但其所含水溶性低价铁、锰却极少,这与假潜育耕作层土壤富含无定形 $Fe(OH)_3$ 或 Fe^{2+} 有所不同。

3. 土壤反应、盐基饱和度及交换量

水稻土在人工培肥和灌溉的影响下，使土壤 pH 值和盐基饱和度，从强酸性红壤母土，显明地转变为近中性反应；盐基饱和度大部向饱和方向演变。其耕作层的 pH 值（H_2O）处于 5.5～6.5，盐基饱和度达 85% 左右。但水稻土在淹水状况下的 pH 值，由于土壤中铁、锰氧化物被还原面消耗质子，使土壤溶液中的 H^+ 浓度下降，故其 pH 值有所升高，而更接近于中性反应。水稻土的阳离子交换量，除受有机肥施用的影响而稍有增高外，大部分均决定于母土或母质的类型（黏粒矿物）及质地。除此之外，看不出什么变动规律。此外，水稻土在淹不还原过程中，虽因有机质分解可使氧化还原电位显著下降，但在铁、锰等变价化合物的缓冲作用下，其 Eh 不致于陡降，从而对植物和微生物的生存，起了保护作用。这也是水稻土演变中值得一提的性态。

温州市水稻土因分布的地形位置、水分条件、盐分积累的差异，可分为渗育型水稻土、潴育型水稻土、脱潜型水稻土和潜育型水稻土等亚类。渗育型水稻土占全市水稻土面积的 37.28%，分布于丘陵山地、河谷平原和滨海平原。其母土为红壤和黄壤及浅海沉积物、河流冲积物，大部分分布于山地丘陵的山地岗背、缓坡地区，多为梯田，其地下水位很低，不受地下水的影响。土壤水分主要来源于降雨和灌溉，部面构型为 A-Ap-P-C①。该亚类水稻土因缺水源，又受母土的影响，土壤多呈微酸性，土质偏黏，生产受到限制。土属包括黄泥土、红泥田、培泥砂田、江涂泥田、淡涂泥田、涂泥田、滨海砂田和酸性紫泥田等。潴育型水稻土广泛分布于水网平原、河谷平原，山间谷地，山前垄口也有零星分布；面积占全市水稻土面积的 26.79%。潴育型水稻土的成土母质（母土）河流、河口、滨海平原及山区、低丘的山坡中，水源充足，土壤受地下水和地表水双重影响，具有明显的潴育型，土壤剖面构型为 A-Ap-P-W-C。该类土壤分布区域地势平坦，土层深厚，冬季地下水位低，种植水稻季节地下水位较高，是"良水型"水稻土，其水、气较为协调，肥力水平较高，具有高产的土壤条件，是温州市地力水平较高的一类耕地和主要稻作生产基地。土属包括洪积泥砂田、黄泥砂田、泥砂田、紫泥砂田、江粉泥田、老淡涂泥田等。脱潜型水稻土分布于水网平原，面积为占全市水稻土面积的 32.50%。脱潜型水稻土分布区的地形为古海湾的海积平原，母质为老海积物，系发育于古潜育体上的水稻土。该类土壤的母质在沉积形成过程中曾经历湖沼化过程，由于原地下水位较高，土体呈潜育化，土色呈青灰色，后来由于种种原因（包括排水），地下水位下降，土壤剖面出现潴育化特征（具有明显的铁锰氧化物淀积），逐渐成为"良水型"水稻土，但古潜育体特征（基色为青灰色）还保留在土体中。该亚类土壤地处水网平原，人口稠密，精耕细作，水源充沛，土壤有机质较高，是高产粮田；但该类土壤质地一般较黏重，通透性较差，要注意开沟排水，合理轮作。土属包括黄化青紫塥黏田、青紫塥黏田等。潜育型水稻土零星分布于各处的低洼部位，其成土母质包括洪冲积物、老海相积物等。其分布的地形多为低洼地，是高潜水位型的水稻土，其潜育水位常常接近于地表，冬季地下水位很浅，土体软糊，土壤有机物质不易矿化，土体呈还原态，影响作物生长；土壤剖面构型为 A-Ap-(P)-G-C。这类水稻土水肥气热不协调，土温低，通气性差，作物生长缓慢，产量不高。应加强排水，降低地下水位。土属包括烂浸田、烂泥田等。

二、潮土

潮土分布在温州市河谷平原和滨海平原，水网平原也有零星分布，母质包括河流冲积物、洪冲积物和海相沉积物。潮土是指土壤剖面处于周期性的渍水影响下，发展着土体内的氧化还原交替过程的一大类土壤。其主导成土因子是丰富的降水（湿润气候）和徐缓的地表排水（平原及长坡缓

---

① 字母说明：A 为耕作层、Ap 为犁底层、P 为渗育层、W 为潴育层、G 为潜育层、Gw 为脱潜潴育层、E 为漂洗层、C 为母质层，后同。

坡地形）以及人为灌溉作用。其形成过程应包括脱盐淡化、潴育化和耕作熟化三方面的特点。

1. 脱盐淡化过程

海涂经围堤挡潮后，在自然降雨、人工灌溉，开沟排水等作用下，开始了滨海土壤脱盐淡化演变过程。滨海地区的潮土形成于海相沉积物，长期脱盐的结果使土壤 1m 土体内的盐分降至于 0.1% 以下。

2. 潴育化过程

分布在滨海平原和水网平原的潮土，地势平缓，土体深厚，地下水位常在 1m 左右，并受季节性降雨和蒸发影响而上下移动；分布在河谷和低丘坡麓地带的除受地下水的影响外，还受侧渗水影响，土体内氧化–还原作用频繁，潴育化过程显明，使剖面中、下部形成铁锰斑纹淀积或呈结核。

3. 耕作熟化过程

潮土是人们通过耕作、栽培、施肥、排灌等措施定向培育的旱作土壤，耕作熟化过程是潮土形成过程中的主要特点。通过耕作利用，土壤有机质不但不会减少，而且还会增加积累。耕作历史长久的潮土，其剖面层次可分为耕作层、亚耕层、心土层和底土层，而发育较差的潮土一般分表土层、心土层和底土层。潮土的母质来源广，质地变幅大，从砂质壤土至黏土均有之。剖面质地大体可分为两大类：一类是均质型，广泛分布在滨海、水网平原和河谷平原中一部分，土体质地均一，一般无石砾；另一类夹层型，即土体中夹有粗砂层、砾石层，或泥、砂、砾混杂，主要分布各河漫滩和洪积扇上，质地砂质壤土至砂质黏壤土。潮土的 pH 值、阳离子交换量、易溶盐和游离碳酸钙含量变化较大，滨海平原的潮土 pH 值、易溶盐和游离碳酸钙较高，而河谷平原和水网平原的潮土则较低，CEC（阳离子交换量）主要与土壤的质地有关，一般是滨海平原和水网平原的较高，河谷平原的较低。无石灰反应的潮土包括洪积泥砂土、培泥砂土、沙岗砂土等土属；而有石灰反应的潮土包括淡涂泥、江涂泥等。

三、红壤

红壤和黄壤是温州市地带性土壤类型。其中，红壤土类广泛分布在海拔 60~800m 的低山丘陵，在温州市各地都有分布，面积占土壤总面积的 41.42%。

红壤形成于亚热带生物气候条件下，其风化成土过程的特点如下。

1. 脱硅富铝化

黏粒的硅铝率较低，黏粒矿物以高岭石为主，但结晶差，且三水铝石少见。

2. 淋溶作用

红壤的淋溶作用较为强烈，风化淋溶系数（ba 值）较低。

3. 赤铁矿化

红壤形成的另一个显著特点是土壤的赤铁矿化，大多数铁从铝硅酸盐原生矿物中分解游离出来，形成游离氧化铁，土壤多呈红色。红壤的剖面发育类型为 A-［B］-C 型。A 层为淋溶层或腐殖质积聚层，由于森林植被的破坏和侵蚀的影响，红壤的 A 层一般较薄；［B］层是指非淀积发生层，因为它是一种盐基、硅酸（矿物风化释出的）遭到强淋溶的土层，从而使游离铁铝氧化物相对积聚，故可称为"残余积聚层"，而非"淋溶淀积层"（土壤形成物迁入的 B 层）。一般说来，红壤的质地较黏重，这是岩石矿物遭到强烈风化的结果。红壤酸性强，盐基饱和度也很低。温州市红壤土类可划分为红壤亚类、黄红壤亚类、红壤性土和饱和红壤 4 个亚类。红壤亚类是红壤土类中的代表性（或典型）亚类，是红壤土类中风化发育度最强的一个亚类，具红、黏、矿质养分低等特征，占红壤土类总面积的 3.91%；分砂黏质红泥、红泥土和红黏土等 3 个土属。黄红壤亚类是红壤向黄壤过渡的土壤类型，是温州市低山丘陵地区分布最广的一类红壤，一般分布在海拔 400~

800m 的山坡上，由于分布位置较高，其红壤化程度比红壤亚类弱，土壤颜色呈红黄–棕色，黏粒含量在 20% 左右；面积占全市土壤总面积的 95.33%；分黄泥土、黄红泥土、砂黏质黄土和黄黏土4 个土属，它们的成土母质有较大的差异。红壤性土亚类由于受成土母质和水土流失的影响，其红壤化作用较弱，剖面分化不明显，过去称之为幼红壤，主要分布在温州市丘陵地，面积占温州市红壤总面积的 0.08%。仅红粉泥土 1 个土属，母质为浅色和紫色凝灰岩，黏粒少，粉砂高，土层 30～50cm，粉红色、浅棕色和浅紫色，与母岩颜色相似，盐基饱和度 50% 左右。饱和红壤亚类分布海岛丘陵，面积不大。这类土壤与典型红壤比较，其 pH 值较高，盐基饱和度高，一般认为复盐基有关。只设有一个土属，称为饱和棕红泥。

四、黄壤

黄壤土类分布在海拔 600～800m 的低、中山，面积占土壤总面积的 11.29%。黄壤形成于湿润的亚热带生物气候条件下，与山下的红壤地区相比，雾日多而日照少，雨量多且湿度大，因此所接受的太阳能比红壤要低。黄壤的自然植被为亚热带常绿—落叶阔叶混交林。但目前黄壤分布区原始植被保存很少，大部分为次生植被，仅有少量开垦为农地。在云雾多，日照少，湿度大，干湿季不明显的气候及繁茂植被条件下，黄壤在形成过程中具有下列特点。

1. 富铝化作用

与红壤一样，黄壤也具有富铝化作用。但是作为反映富铝化程度的黏粒的硅铝率，黄壤的变幅较大，黄壤的黏粒硅铝率略低于红壤。其原因可能是：黄壤黏粒中含有一定量的三水铝石。黄壤中的三水铝石是岩石直接风化形成的，而不是高岭石进一步分解的产物；在膨胀性的 1.4nm 矿物晶层间夹有一些非交换性的羟基铝聚合物；在 2∶1 型矿物的四面体中有较多的铝对硅的置换。这都导致了黏粒硅铝率的下降。

2. 生物富集作用

黄壤中生物富聚作用较红壤更为强烈，表现为残落物的大量积聚，灰分元素的吸收和富集，从而对土壤肥力有很大的影响。土壤中有机质含量高，氮、磷、钾、钙等元素在土壤表层也有明显的富集。

3. 淋溶作用

在高凸的地形和终年湿润的气候条件下，黄壤的风化淋溶作用也很强。其风化淋溶数较低，这说明在黄壤形成过程中，其矿物质经过了极强的风化淋溶作用。由于强烈的淋溶作用，使盐基大部分淋失，因此，盐基饱和度除表土因生物富集而较高外，一般均在 20% 左右，土壤呈酸性至强酸性反应。

4. 游离氧化铁的水化作用

在湿润的条件下，黄壤中的游离氧化铁大部分与水结合，成为铁的含水量氧化物，如针铁矿、褐铁矿、纤铁矿等，并包盖在固体土粒外面，而使土壤成为黄色、黄棕色或橙色。这与黄壤处于稳定而湿润的气候、有机质大量积累，不仅有利于针铁矿之形成，且有利于赤铁矿转化为针铁矿。温州市黄壤类仅设黄壤 1 个亚类，下含山地黄泥土和山地黄黏土 2 个土属。黄壤处在山地特定的生物气候条件下，形成的强风化、强淋溶的富铝化土壤。但在土壤形成过程中，具有强烈的生物富聚作用和游离氧化铁的水化作用。因此，是有别于红壤的另一种土壤类型。

其主要性状的特点是：①黄壤的发生类型虽然也是 A-［B］-C 型①，但在森林植被茂密地方，A 层之上常有在枯枝落叶层存在，而呈 A_0-A-［B］-C 型。由于多分布在相对湿度较大的山地，

---

① 字母说明：A_0 为半分解枯枝落叶层、A 为表土层、［B］为淀积层、C 为母质层，后同。

气候条件阴湿，［B］层颜色偏黄，多为淡黄或浅黄色（2.5Y3/4 左右①）。这可能是由于山地的大气及土壤气候终年湿润，不利于土壤中游离氧化铁脱水红化，而使水化度较高的黄色氧化铁优势之故。因此，剖面中 A 层向［B］层过渡明显。土体比较紧实，缺乏多孔性和松脆性，其铁胶结的微团聚体不很发达；土体厚度，也较红壤为薄。母质层，风化很差，母岩的特性更加显明，且往往夹有未风化的砾石。这些都是与红壤剖面不同的地方。②黄壤的质地因母质而异，一般多为粉砂质壤土或黏壤土，与典型红壤相比，其质地较粗，粉砂性较显著，而黏粒含量较少。表明黄壤矿质土粒的风化度远比母岩或母质相似的红壤低。③由于所处地形高凸，排水良好，而大量降水量更促进土壤中盐基物质的淋失，因此酸性也很强。④黄壤［B］层的有效阳离子交换量也不高，在 12cmol（+）/kg 土左右。但 A 层的有效阳离子交换量较［B］层为高，平均在 15cmol（+）/kg 土左右，这显然与表土层中大量腐殖质有关。

五、滨海盐土

温州市盐土呈带状分布在滨海平原外侧和海岛周围，该类土壤成土母质为新浅海沉积物，地形为滨海平原。盐渍化是该类土壤的独特成土过程。但在海水涨、落潮而对土体起间歇的浸渍中，土壤除盐渍化过程外，尚附加脱盐过程。由于海水对土体盐分的不断补充，脱盐过程表现微弱。当土体淤高至不受海水浸淹或筑堤围垦后，土壤由盐渍化过程演变为脱盐过程。虽然滨海盐土可因地面高程受海水影响情况的差异，表现其盐渍化和脱盐两个截然不同的成土过程。但均具有共同的基本性状和特点。

1. 成土历史短，剖面发育差

在土壤剖面中层次分化发育不明显，只是表层土壤有机质和养分含量相对地高于下段土体。因此，滨海盐土类的土壤发生型为 Asa-Csa 型。

2. 含盐量高，呈碱性反应

滨海盐土的盐分含量相差很大，取决于成土过程中的积盐和脱盐的强度。本类土壤均呈碱性反应，pH 值为 7.5~8.5。但随着成土过程的变化，pH 值也有所变化。其趋势是：土壤处于盐渍过程为主时，表层土壤 pH 值在 8.0 以上，1m 土体内变化不大；当土壤进入脱盐过程后，表层土壤的 pH 值有所下降，约在 7.5，在 1m 土体内，呈上低下高。

3. 土壤质地较为黏重，同一剖面中较为均一

由于一个地方的海水动力条件比较恒定，因此从单一的土壤剖面来看，上下之间的土壤质地较为均一。

4. 土壤有机质和氮素含量较低

由于成土时间短，土壤有机质和氮素较低。该类土壤有部分开垦为旱地，由于盐分较高，易产生盐害。在农业利用中，应加速土壤脱盐，防止盐害是农业生产的重要措施。温州市滨海盐土分为滨海盐土和潮滩盐土二个亚类。潮滩盐土分布在海堤外侧，目前还受海潮影响，含盐>10g/kg。仅设一个土属，为滩涂泥。滨海盐土分布在海堤内侧，目前不受海水影响，正在脱盐，含盐量 1~10g/kg。根据围垦时间和脱盐程度可分为涂泥土属（含盐 10g/kg 左右，围垦不久）和咸泥土属（含盐 1~6g/kg，已农用）。

六、紫色土

紫色土类归属初育土纲。因受母岩岩性频繁侵蚀的影响，土壤剖面发育极为微弱：土体浅薄，一般不足 50cm，且显示粗骨性；剖面分化不明显，属 A-C 型；土色酷似母岩的新风化体；在多数

---

① 标准土壤色卡以 X、Y、Z 表示红、绿、蓝三刺激值，刺激量分别以 R、G、B 表示，后同。

情况下，母岩的碳酸盐仍保留于土体中，故其土体尚停留在初育阶段。温州市紫色土主要分布在泰顺、文成、平阳、乐清等红盆地内的丘陵阶地上，它与红壤类等地带性土壤交错分布，但它们分布的边界清晰易辨。其总面积占全市土壤总面积的 3.10%。温州市紫色土系由侏罗纪和白垩纪紫色砂页岩风化物的残坡积体发育而成的，不呈石灰反应。土壤形成具有以下特征。

1. 微弱的淋溶过程

紫色土的母岩，岩性软弱，易风化，而且其风化物易遭冲刷，尤其是所含矿质胶粒，极易分散于水，形成稳定的悬液，而随径流迁徙。紫色土的化学风化，往往起始于所含碳酸盐的碳酸化作用，它使母岩中的胶结力削弱，而使沉积岩懈散。但这种风化是很不彻底的，含有大量的石英及长石、云母等原生矿物碎屑，基本上保持母岩中原有状态；其黏粒矿物类型，亦显示了对母岩的显著的继承性，主要为伊利石，伴有少量的高岭石。土壤剖面中物质的迁移，仅表现出碳酸盐的开始下迁或淋铁，一般未涉及黏粒的淋移。

2. 紫色母岩极易崩解

紫色砂页岩等的岩性脆弱，极易崩解。但是，紫色土的土壤骨骼颗粒和土壤基质之间结持力弱，结构不稳定，加之土被较差，又处于雨量较大的亚热带气候条件下，紫色土的片蚀和沟蚀现象十分严重。温州市许多紫色土丘陵的顶部土壤被侵蚀光，而保留下来的是紫砂岩秃。由于裸露的母岩风化快，被侵蚀也快，所以紫色土始终处于母岩风化-侵蚀-再风化土壤发育的幼年阶段。紫色土虽处在亚热带气候条件下，但它们的剖面分化很差。野外观察紫色土的剖面，除表土层含有机质较多外，几乎看不到表、心、底土的什么区别。剖面均属 A—C 型，或 A—AC—C 型；上下层次之间是渐变的。紫色土的颜色呈暗紫色、红紫及紫红色，土面吸热升温快，日夜温差大。土壤质地随母岩种类而异，变幅较大，从砂质壤土至壤质黏土。土壤结持性差，易遭冲刷。土壤风化度弱，粉粒/黏粒比，平均在 0.8~1.6，其粉砂性较突出，表明它们不同于同地带的红壤的强风化现象。

紫色土 pH 值，因母质差异，变动于 pH 值（H_2O）4.5~6.0。土壤阳离子交换量平均为 10cmol（+）/kg 左右，盐基饱和度亦因素养岩而异，可从盐基饱和至盐基饱和度很低变化。紫色土属弱风化淋溶土壤，其黏粒部分的硅铝率和硅铁铝率显著高于红壤，这说明紫色土不归属于富铝化土壤。紫色土的黏粒矿物类型以 2:1 型为主，即以伊利石为主，伴有少量蒙脱石、蛭石以及少量 1:1 型的高岭石。另外，紫色土的颜色与其含有高量赤铁矿有关，这类赤铁矿结晶良好，是非风化产生的，而是母质残留的。

紫色土对作物的土宜性好，宜种作物多，含丰富的钾，稍施肥，就能获得较好的收成。其有效微量元素铁、锰含量较丰富，硼、钼较缺乏，铜、锌居中等水平。但是，紫色土中的紫砂岩碎屑，将不断风化，释出盐基性养分和磷酸，补给于土壤供作物吸收利用。紫色土酸碱度适中，排水良好，微生物活动旺盛，有机质积累比黄筋泥快。该类土壤土色深，吸热快，土温昼夜变化大，有利于作物发芽和苗期生长，尤其适宜于薯类和豆类作物生长。紫色土最大的缺点是：土壤结持性差，抗冲刷性能弱，且易受干旱威胁；加之垦伐频繁，植被稀疏，土壤冲刷的现象更易发生。

温州市紫色土只酸性紫色土等一个亚类，包括酸性紫砂土 1 个土属。

七、粗骨土

粗骨土广泛分布于温州市丘陵山地侵蚀严重的陡坡地带，其总面积占全市土壤总面积的 15.45%。粗骨土是酸性岩浆岩、沉积岩和变质岩风化物。由于在其形成过程中，不断地遭受较强的片蚀，使其黏细风化物被大量蚀去，残留着粗骨成分，因而所发育的土壤呈显著的薄层性（一般不足 20~30cm）和粗骨性，其剖面的分化极差，故称为粗骨土。当由于侵蚀及母岩本身的特性影响，使土壤的发育一直滞留在起始阶段。

粗骨土的发生剖面，属于 A-C 型。A 层是以粗骨土粒为主，仅含少量细土及有机物，它与初风化或半风化的母岩，直接相连。所以这种土壤剖面，实际上不能说明土壤的发育类别。

粗骨土的形成与下述因素有关。

1. 降雨因素

降水量和降雨强度越大，大雨（降雨≥25mm/d）日数越多，土壤遭受侵蚀程度就越严。

2. 地形因素

地面坡度和坡长是影响水土流失的两个基本地形因素。地面坡度≥2%便能引起侵蚀。所以，在其他条件相同的情况下，由于重力作用的影响，坡度越陡、坡面越长，则土壤侵蚀程度越严重。

3. 母质因素

不同母岩及其母质发育的土壤，对以水动力为主的水蚀的抗侵蚀程度是不同的。一般来讲，粉砂含量高、土体松散、黏结力弱的土壤类型，容易遭受侵蚀，进而演变成为粗骨土。

4. 人为因素

人类樵采过度，刀耕火种及全垦造林等不合理开发利用山地土壤资源的情况，迄今未被禁止。木材过量采伐，使植被覆盖率下降，雨水对地表的冲刷力增强，土壤蓄水能力减弱，导致水土流失严重，粗骨土面积扩大。

粗骨土具以下特征：①粗骨土的母质为各种酸性岩浆岩和沉积岩残积风化物，属 A–C 型，土体浅薄，显粗骨性，颜色随母岩而异，强酸性。由于粗骨土在其形成过程中，遭受严重的片蚀，土体浅薄。细土质地为砂质壤土至砂质黏壤土，土体中约有 2/3 为石砾和砂粒，粗骨性十分明显。②粗骨土的颜色，随着母岩风化物的基色不同而异。由凝灰岩风化物发育的石砂土，以浊橙色（5YR6/3—6/4）为主；由花岗岩风化物发育的白岩砂土，以棕色（10YR4/6—7.5YR4/4）为主；粗骨土的土色（干土）除受有机质染色外，主要受母质的基色所制约。③粗骨土的反应呈强酸性、酸性，少数呈微酸性。细土有效阳离子交换量为 10cmol（+）/kg 土左右；盐基饱和度 50% 左右。粗骨土土体中虽夹有大量石砾，但细土部分有机质含量较丰富。粗骨土一般不适于农业利用，应注意水土保持。温州市粗骨土只设酸性粗骨土一个亚类，根据质地、母质等可分为石砂土和白岩砂土 2 个土属。

第二章　温州市耕地地力评价方法

第一节　耕地地力及其评价指标

一、耕地地力的概念

由于人口增加和经济发展导致耕地减少，近30年来耕地地力已受到国内外学者的重视。研究者从耕地地力的含义、影响耕地地力的因素及耕地地力的评价方法等方面对耕地地力进行了广泛探讨。但至今，耕地地力概念及内涵没有统一提法。一般认为，耕地地力是多层次的综合概念，是指耕地的自然、环境和经济等因素的总和，相应地耕地地力内涵包括耕地的土壤质量、空间地理质量、管理质量和经济质量4个方面。其中，土壤质量是指土壤在生态系统的范围内，维持生物的生产力、保护环境质量以及促进动植物和人类健康的能力，耕地的土壤质量是耕地地力的基础；耕地的空间地理质量是指耕地所处位置的地形地貌、地质、气候、水文、空间区位等环境状况；耕地的管理质量是指人类对耕地的影响程度，如耕地的平整化、水利化和机械化水平等；耕地经济质量是指耕地的综合产出能力和产出效率，是耕地土壤质量、空间地理质量和管理质量综合作用的结果，是反映耕地地力的一个综合性指标。

二、耕地地力评价指标

影响耕地地力因素很多，在进行耕地地力评价时必须选取对耕地地力影响大、稳定性强且能确切反映耕地地力差异的因子来进行评价。在耕地地力评价过程中，评价指标体系的研究是重要环节。由于研究地域的差异性和指标的复杂性，目前在耕地地力指标体系方面尚未取得共识，但学术界对此已有很多尝试。我国农业农村部建立的中国耕地基础地力指标总集中，分为气候、立地条件、剖面性状、耕地理化性状、耕地养分性状、障碍因素和土壤管理7个方面，共64个因素。目前各种类型耕地地力评价所构建的评价指标体系都以气候因素、地形自然条件因素和土壤物理化学性状因素等为主。根据耕地地力的概念和内涵，影响耕地地力的因子可分为自然因素和社会经济因素两类。自然因素是一种内在变化，需要长期积累。自然因素指标主要包括耕地的立地条件、土壤质量和气候质量等。立地条件指标包括地形地貌、成土母岩或母质、坡度、坡向、表土层厚度和质地、土体构型、障碍层厚度和出现的位置、水土流失强度、沙化或盐渍化程度等。耕地土壤肥力质量指标包括土壤物理、土壤化学、生物学等指标。其中土壤物理指标包含土层和根系深度、容重、渗透率、团聚体的稳定性、质地、土壤持水特征、土壤温度等参数；土壤化学指标包括有机质、pH、电导率、常量元素和微量元素（如锌、硼等）等；土壤生物学指标包括微生物的生物量碳和氮、潜在可矿化氮、土壤呼吸量、酶、生物碳/总有机碳比值、微生物丰度及多样性、土壤动物的丰度、生物量及多样性等。

而随着人类活动对耕地地力的影响越来越显著，社会经济条件也成为耕地地力评价的重要环节。社会经济指标主要指交通状况、土地投入、耕作制度和政策措施等。耕地的交通状况是由耕地空间地域性决定的。土地投入指标包括肥料投入（包括化肥、有机肥等）、灌排设施投入、农药投入和薄膜投入等。耕作制度包括粮食作物面积比例、经济作物面积比例、耕地利用类型、种植结构、轮作制度和规模利用程度等。政策措施指标主要指明晰土地产权,正确引导土地流转,提高农产品价格和进行种植补贴等。总体而言,影响耕地地力的因素指标很多,且重要程度即权重各异,应结合实际,因地制宜地选择因素,利用合理的方法确定权重。

第二节　耕地地力评价的采样与分析方法

耕地地力评价是对耕地生产能力的评价,其环节涉及土壤样品的采集、土壤理化性状的鉴定、评价数据的收集、评价指标体系的建立和评价方法的确定等。

一、采样点的设计

1. 布点原则

根据《耕地地力调查与质量评价技术规程》(NY/T 1634—2017)要求,为了使土壤调查所获取的信息具有一定的典型性和代表性,提高工作效率,节省人力和资金,土壤采样布点和采样时主要遵循以下原则:一是广泛的代表性、均匀性、科学性、可比性;二是点面结合;三是与地理位置、地形部位相结合。

2. 采样点布设

采样点布设是土壤测试的基础,采样点布设是否合理直接关系到地力调查的准确性和代表性。因此,在调查开展之前必须进行样点选择的优化。主要通过在已生成的评价单元图的基础上,综合分析第二次土壤普查时的各种类型土壤采样点位、农田基础设施建设状况、土壤利用类型、土壤污染状况、行政区划图等资料,进行优化布局,以满足评价要求。采样点不宜选在住宅周围、路旁、沟渠边等人为干扰较明显的地点。在布点时需要充分考虑地形地貌、土壤类型与分布、肥力高低、作物种类等,保证采样点具有典型性、代表性和均匀性。

二、土壤样品的采集与田间调查

1. 样品采集

土壤样品的采集是土壤分析工作的一个重要环节,采集样品地点的确定、采样质量与采样点数的多少直接关系耕地地力评价的精度。

(1)采集时间。水稻、蔬菜等大田作物土样采集时间定在前茬作物收获后、下茬作物种植前或尚未使用底肥前;茶、果、木、竹等多年生经济作物土样采集时间定在下一次肥料施肥前。

(2)田块选择。在采样前,先询问当地农民以了解当地农业生产情况,确定具有代表性的、面积大于 0.067hm² 的田块作为采集田块,以保证所采土样能真实反映当地田块的地力和质量状况。

(3)采集要求。为保证采样质量,采集的样品应具有典型性和代表性。采样时间统一在作物收获后,以避免施肥的影响。采样时,根据图件上标注的点位,向当地农技人员或农户了解点位所在村的农业生产情况,确定具有代表性的田块。在采样田块的中心用GPS定位仪进行定位,并按调查表格的内容逐项如实调查、填写采样田块的信息。长方形地块采用"S"法,近方形田块采用"X"法或棋盘形采样法,蔬菜及多年生经济作物还应按照地块的沟、垄面积比例确定沟、垄取土点位的数量。每个地块取 10~15 个分样点土壤,各分样点充分混合后,用四分法留取 1.5kg 左右组成一个土壤样品,进行统一编号并贴上标签,同时挑出植物根系、秸秆、石块、虫体等杂物。

(4)采集方法。先用不锈钢军用折叠铲(测定铁、锰等微量元素的样品时采用木铲)去除 2~

3cm 表面土层，再用专用的不锈钢取土器取土，以保证每一个分样点采集土样的厚薄、宽窄、数量及采样深度相近；采样深度为 3~18cm。为了提高土壤样品采集的质量，使所有采集的分样点样品的大小、重量、深度基本保持一致，以达到土样质量均衡的目的。

2. 田间调查

田间调查主要通过 2 种方式来实现：一是野外实地调查和测定；二是收集和分析相关调查成果和资料。调查的内容分为 3 个方面：自然成土因素、土壤剖面形态和农业生产条件等。并按调查表的内容逐一填写数据信息，见表 2-1 采样地块基本情况调查表。

表 2-1　采样地块基本情况调查表

统一编号：_____　调查组号：_____　采样序号：_____

采样目的：_____　采样日期：_____　上次采样日期：_____

地理位置	省（市）名称		地（市）名称		县（旗）名称	
	乡（镇）名称		村组名称		邮政编码	
	农户名称		地块名称		电话号码	
	地块位置		距村距离（m）		/	/
	纬度（度：分：秒：）		经度（度：分：秒：）		海拔高度（m）	
自然条件	地貌类型		地形部位		/	/
	地面坡度（°）		田面坡度（°）		坡向	
	通常地下水位（m）		最高地下水位（m）		最深地下水位（m）	
	常年降水量（mm）		常年有效积温（℃）		常年无霜期（d）	
生产条件	农田基础设施		排水能力		灌溉能力	
	水源条件		输水方式		灌溉方式	
	熟制		典型种植制度		常年产量水平(kg/亩)	
土壤情况	土类		亚类		土属	
	土种		俗名		/	/
	成土母质		剖面构型		土壤质地（手测）	
	土壤结构		障碍因素		侵蚀程度	
	耕层厚度（cm）		采样深度（cm）		/	/
	田块面积（亩）		代表面积（亩）		/	/

		第一季	第二季	第三季	第四季	第五季
第二年种植意向	茬口					
	作物名称					
	品种名称					
	目标产量					

（续表）

	单位名称				联系人	
采样调查单位	地址				邮政编码	
	电话		传真		采样调查人	
	E-mail					

（1）自然成土因素的调查。主要通过咨询当地气象站，获得了积温、无霜期、降水等相关资料；查阅温州市各县（市、区）的土壤志及其他相关资料，并辅以实地考察与调研分析，掌握了温州市海拔高度、坡度、地貌类型、成土母质等自然成土要素。

（2）土壤剖面形态的观察。在查阅县（市、区）土壤志等资料的基础上，通过对实地土壤剖面的实际调查和观察，基本掌握了市内各地不同土壤的土层厚度、土体结构、土壤质地、土壤干湿度、土壤孔隙度、土壤排水状况、土壤侵蚀情况等相关信息。

（3）农业生产条件的调查。根据《全国耕地地力调查项目技术规程》野外调查规程，设计了测土配方施肥采样地块基本情况调查表和农户施肥情况调查表等2种调查表，对大田、茶、果、蔬和竹园等生产与环境条件分别开展了调查，调查的内容主要包括：采样地点、户主姓名、采样地块面积、当前种植作物、前茬种植作物、作物品种、土壤类型、采样深度、立地条件、剖面性状、土地排灌状况、污染情况、种植制度、种植方式、常年产量水平、设施类型、投入（肥料、农药、种子、机械、灌溉、农膜、人工、其他）费用及产销收入情况。

三、土壤样品的制备

野外采回的土壤样品置于干净整洁的室内通风处自然风干，同时尽量捏碎并剔除侵入体。风干后的土样经充分混匀后，按照不同的分析要求研磨过筛，装入样品瓶中备用，并写明必要的信息。样品分析工作结束后，将剩余土样封存，以备后用。用于土壤颗粒组成、pH值、盐分、交换性能及有效养分等项目测定的土样过2mm孔土筛；供有机质、全氮等项目测定的土样过0.25mm孔土筛。

四、分析方法与质量控制

1. 样品制备及保存

从野外采回的土壤样品应及时放在样品盘上，掰成小块，摊成薄层，置于干净整洁的室内通风处自然风干，并注意防止酸、碱等气体及灰尘的污染。样品风干时，经常对风干样品进行翻动，同时将大土块捏碎，除去作物根系，以加速干燥。样品风干后，平铺在制样板上，用木棍或塑料棍碾压，并将植物残体等剔除干净。细小已断的植物须根，可采用静电吸附的方法清除。

研磨后的土样按照不同的分析要求过筛，通过2mm孔径尼龙筛的土样可供土壤机械组成、水分、pH值、有效磷、速效钾、阳离子交换量、水溶性盐总量、有效态微量元素等项目的测定。未通过2mm孔径尼龙筛的砾石用水洗去黏附的细土，烘干后称重，计算砾石的比例。用四分法分取50g左右的通过2mm孔径的土样，继续碾磨，使之完全通过0.25mm孔径筛，用于有机质、全氮、全磷和金属元素全量等项目的测定。分析微量元素的土样，应严格注意在采样、风干、研磨、过筛、运输、贮存等环节，严禁接触容易造成样品污染的铁、铜等金属器具，以避免污染。

过筛的土样应充分混匀后，装入样品瓶中备用。瓶内外各放标签一张，写明编号、采样地点、土壤名称、采样深度、样品粒径、采样日期、采样人及制样时间、制样人等项目。制备好的样品要妥为贮存，避免日晒、高温、潮湿和酸碱等气体的污染。样品按编号有序分类存放，以便查找。全部分析工作结束，分析数据核实无误后，试样一般还应保存三个月至一年，以备查询。少数有价值需要长期保存的样品，须保存于磨口的广口瓶中。

2. 分析项目与分析方法

土壤样品分析测定严格按照农业农村部《测土配方施肥技术规范》和浙江省《测土配方施肥项目工作规范》进行，部分测试方法引用教科书的经典方法，见表2-2。分析项目包括pH值、容重、水溶性盐、有机质、有效磷、速效钾、全氮、水解氮和阳离子交换量等。

表2-2　土壤检测方法

分析项目	分析方法	单位
容重	环刀法	g/cm³
质地	比重计法	%
pH值	电位法（土：水=1：2.5）	—
有机质	重铬酸钾氧化-外加热法	g/kg
有效磷	碳酸氢钠浸提-钼锑抗比色法	mg/kg
速效钾	乙酸铵浸提-火焰光度法	mg/kg
阳离子交换量	乙酸铵交换法（酸性及中性土壤）	cmol/kg（土）
水溶性盐总量	电导法（土：水=1：5）	g/kg

（1）容重。测定土壤容重的方法为环刀法。在野外调查时取样，利用一定容积的环刀切割未搅动的自然状态的土壤，使土壤充满其中，烘干后称量计算单位体积的烘干土壤质量。一般适用于除坚硬和易碎的土壤以外各类土壤容重的测定。表层土壤容重做4~6个平行测定，底层做3~5个。

（2）质地。土壤颗粒分析方法目前最常用的为比重计法。

（3）酸碱度。土壤酸碱度（pH值）是土壤溶液中氢离子（H^+）活度的负对数。土液中H^+的存在形态可分为游离态和代换态两种。由游离态H^+所引起的酸度为活性酸度，即水浸pH；由土壤胶体吸附性H^+、Al^{3+}被盐溶液代换至溶液中所引起的酸度为代换性酸度，即盐浸pH。用电位法测定pH值。

（4）有机质。用油浴加热重铬酸钾氧化-容量法测定有机质。其特点是可获得较为准确的分析结果而又不需特殊的仪器设备，操作简捷，且不受土样中的碳酸盐的干扰。盐土的有机质测定时可加入少量硫酸银，以避免因氯化物的存在而产生的测定结果偏高的现象。对于水稻土及一些长期渍水的土壤，测定时必须采用风干样品。

（5）有效磷。在同一土壤上应用不同的测定方法可得到不同的有效磷测定结果，因此土壤有效磷浸提剂的选择应根据土壤性质而定。一般来说，碳酸氢钠法的应用最为广泛，它适用于中性、微酸性和石灰性土壤；而盐酸-氟化铵法在酸性土壤上的应用效果良好。

（6）速效钾。土壤速效钾包括水溶性钾和交换性钾。浸提剂为1mol/L乙酸铵，它能将土壤交换性钾和黏土矿物固定（非交换钾）的钾截然分开，且浸出量不因淋洗次数或浸提时间的增加而显著增加。该法设定土液比为 1∶10，振荡时间为 15min，而火焰光度法最适合速效钾的测定。

（7）阳离子交换量。阳离子交换量是指土壤胶体所能吸附的各种阳离子的总量，其数值以每千克土壤的厘摩尔数表示（cmol/kg）。用中性乙酸铵法交换法测定。

（8）水溶性盐总量。土壤水溶性盐的测定主要分为两步：即水溶性盐的浸提和水溶性盐总量的测定。土液比为 1∶5，振荡时间 15min。测定水溶性盐总量的方法有电导法和质量法。其中，电导法简便、快速，适合批量分析。

3. 分析质量控制

为保证土壤评价结果的真实性和有效性，对检测质量的控制尤为重要。检测质量控制主要体现在两个方面，即实验室内检测质量控制和实验室间检测质量控制。为把影响因素控制在容许限度内，使检测结果达到给定的置信水平下的精密度和准确度，实验室内检测质量控制的主要内容包括：加强样品管理，严防样品在制样、贮存、检测过程中错样、漏样、不均匀、不符合粒径要求、污染及损坏等，以确保样品的唯一性、均匀性、真实性、代表性、完整性；选择适宜的、统一的、科学的检测方法，应尽可能与第二次土壤普查时所用方法一致，确保检测结果的可比性；严格执行标准或规程，操作规范；改善检测环境，加强对易造成检测结果误差环境条件的控制；加强计量管理，确保仪器设备的准确性；通过采用平行测定及添加标准样或参比样的方法，尽量确保检测结果的准确性及精密度。实验室间的质量控制是一种外部质量控制，通过采用发放标准物质的方法可消除系统误差和保证各县（市、区）实验室间数据的可比性，是一种有效的质量控制方法。

温州市的样品分析是通过自检和对外送检相结合的形式进行的。自检的化验分析质量控制严格按照农业农村部《全国耕地地力调查与质量评价技术规程》和温州市各县（市、区）耕地地力调查与质量评价实施方案等有关规定执行；每批分析样品全设平行控制，每 30～50 个加测参比样 1 个，每批分析样品都设 2 个空白样进行基础实验控制；平行双样测定结果其误差控制在 5% 以内；且在每一次分析测试前，都对仪器进行自检，以确保仪器设备的正常运行。对外送检均选择具有资质的检测机构进行检测。

第三节　耕地地力评价依据及方法

由于耕地地力受到自然环境、土壤理化性质和栽培管理等大量因素的影响，其中不仅涉及定性因素，还涉及定量因素，因子相互间对耕地地力的影响程度也有所不同。因此评价工作应该选择合适的评价因素加以评价。

一、评价原则与依据

1. 评价的原则

耕地地力就是耕地的生产能力，是在一定区域内一定的土壤类型上，耕地的土壤理化性状、所处自然环境条件、农田基础设施及耕作施肥管理水平等因素的总和。根据评价的目的要求，在温州市耕地地力评价中，评价遵循如下 5 个基本原则。

（1）综合因素研究与主导因素分析相结合的原则。土地是一个自然经济综合体，是人们利用的对象，对土地质量的鉴定涉及自然和社会经济多个方面，耕地地力也是各类要素的综合体现。所谓综合因素研究是指对地形地貌、土壤理化性状、相关社会经济因素之总体进行全面的研究、分析与评价，以全面了解耕地地力状况。主导因素是指对耕地地力起决定作用的、相对稳定的因子，在评价中要着重对其进行研究分析。因此，把综合因素与主导因素结合起来进行评价则可以对耕地地力做出科学准确的评定。

（2）共性评价与专题研究相结合的原则。温州市耕地利用方式有旱地、菜地、水田等多种类型，土壤理化性状、环境条件、管理水平等不一，因此耕地地力水平有较大的差异。考虑县域内耕地地力的系统、可比性，应选用统一的共同的评价指标和标准，即耕地地力的评价不针对某一特定的利用类型；另外，为了解不同利用类型的耕地地力状况及其内部的差异情况，则对有代表性的主要类型如蔬菜地等进行专题的深入研究。这样，共性的评价与专题研究相结合，使整个的评价和研究具有更大的应用价值。

（3）定量和定性相结合的原则。土地系统是一个复杂的灰色系统，定量和定性要素共存，相互作用，相互影响。因此，为了保证评价结果的客观合理，宜采用定量和定性评价相结合的方法。在总体上，为了保证评价结果的客观合理，尽量采用定量评价方法，对可定量化的评价因子如有机质等养分含量、土层厚度等按其数值参与计算，对非数量化的定性因子如土壤表层质地、土体构型等则进行量化处理，确定其相应的指数，并建立评价数据库，以计算机进行运算和处理，尽量避免人为随意性因素影响。在评价因素筛选、权重确定、评价标准、等级确定等评价过程中，尽量采用定量化的数学模型，在此基础上则充分运用专家知识，对评价的中间过程和评价结果进行必要的定性调整，定量与定性相结合，从而保证了评价结果的准确合理。

（4）采用 GIS 支持的自动化评价方法的原则。自动化、定量化的土地评价技术方法是当前土地评价的重要方向之一。近年来，随着计算机技术，特别是 GIS 技术在土地评价中的不断应用和发展，基于 GIS 的自动化评价方法已不断成熟，使土地评价的精度和效率大大提高。本次的耕地地力评价工作将通过数据库建立、评价模型及其与 GIS 空间叠加等分析模型的结合，实现了全数字化、自动化的评价流程，在一定程度上代表了当前土地评价的最新技术方法。

（5）最小数据集原则。因可选用的评价指标的繁复性，且生产上应用性较差，为简化评价体系，可采用土壤参数的最小数据集（minimum data set，MDS）原则。MDS 中的各个指标必须易于测定且重现性良好。MDS 应包括土壤物理、化学和生物三方面表征土壤状况的最低数量的指标。其中，有关土壤化学的数据较多，而土壤物理的数据较少，土壤生物的数据则更为鲜见。土壤物理指标因其具有较好的稳定性，在评价体系中起着重要的作用。

2. 评价的依据

耕地地力是耕地本身的生产能力，开展耕地地力评价主要是依据与此相关的各类自然和社会经济要素，具体包括 3 个方面。①耕地地力的自然环境要素：包括耕地所处的地形地貌条件、水文地质条件、成土母质条件以及土地利用状况等。②耕地地力的土壤理化要素：包括土壤剖面与土体构型、耕层厚度、质地、容重等物理性状，有机质、氮、磷、钾等主要养分，微量元素、pH 值、阳离子交换量等化学性状。③耕地地力的农田基础设施条件：包括耕地的灌排条件、水土保持工程建设、培肥管理条件等。

二、评价技术流程

耕地地力评价工作分为准备阶段、调查分析阶段、评价阶段和成果汇总阶段 4 个阶段，其具体的工作步骤如图 2-1 所示。根据国内外的大量相关项目和研究，并结合当前温州市资料和数据的现状，耕地地力评价步骤主要包括以下步骤。第一步，利用 3S 技术，收集整理以第二次土壤普查成果为主的所有相关历史数据资料和测土数据资料，采用各种方法和技术手段，以市为单位建立耕地资源基础数据库。第二步，从国家和省级耕地地力评价指标体系中（表 2-3），在省级专家技术组的主持下，吸收市级有实践经验的专家参加，结合实际，选择温州市的耕地地力评价指标。第三步，利用数字化过的标准的市级土壤图和土地利用现状图，确定评价单元。

第四步，建立市域耕地资源管理信息系统。采用全国统一提供的系统平台软件，按照统一的规范要求，将第二次土壤普查及相关的图件资料和数据资料数字化建立规范的数据库，并将空间数据库和属性数据库建立连接，用统一提供的平台软件进行管理。第五步，对每个评价单元进行赋值、标准化和计算每个因素的权重。不同性质的数据，赋值的方法也不同。数据标准化主要采用隶属函数法，并结合层次分析法确定每个因素的权重。第六步，进行综合评价并纳入浙江省耕地地力等级体系中。

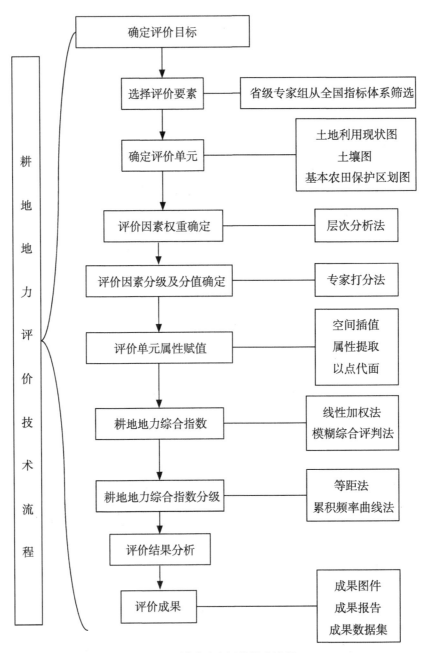

图 2-1 耕地地力评价技术流程

表 2-3　耕地地力评价因子总集

气象	≥0℃积温	耕地理化性状	质地
	≥10℃积温		容重
	年降水量		pH 值
	全年日照时数		CEC
	光能辐射总量	耕地养分状况	有机质
	无霜期		全氮
	干燥度		有效磷
立地条件	经度		速效钾
	纬度		缓效钾
	海拔		有效锌
	地貌类型		有效硼
	地形部位		有效钼
	坡度		有效铜
	坡向		有效硅
	成土母质		有效锰
	土壤侵蚀类型		有效铁
	土壤侵蚀程度		有效硫
	林地覆盖率		交换性钙
	地面破碎情况		交换性镁
	地表岩石露头状况	障碍因素	障碍层类型
	地表砾石度		障碍层出现位置
	田面坡度		障碍层厚度
剖面性状	剖面构型		耕层含盐量
	质地构型		1m 土层含盐量
	有效土层厚度		盐化类型
	耕层厚度		地下水矿化度
	腐殖层厚度	土壤管理	灌溉保证率
	田间持水量		灌溉模数
	冬季地下水位		抗旱能力
	潜水埋深		排涝能力
	水型		排涝模数
			轮作制度
			梯田类型
			梯田熟化年限

三、评价指标

1. 耕地地力评价的指标体系

耕地地力即为耕地生产能力，是由耕地所处的自然背景、土壤本身特性和耕作管理水平等要素构成。耕地地力主要由三大因素决定：一是立地条件，就是与耕地地力直接相关的地形地貌及成土条件，包括成土时间与母质；二是土壤条件，包括土体构型、耕作层土壤的理化形状、土壤特殊理化指标；三是农田基础设施及培肥水平等。为了能比较正确地反映温州市耕地地力水平，以分出全区耕地地力等级，在参照浙江省耕地地力分等定级方案，结合温州市实际，选择了地貌类型、冬季地下水位、地表砾石度、土体剖面构型、耕层厚度、耕层质地、坡度、容重、pH 值、阳离子交换量、水溶性盐总量、有机质、有效磷、速效钾、排涝抗旱能力 15 项因子，作为温州市耕地地力评价的指标体系。共分三个层次：第一层为目标层，即耕地地力；第二层为状态层，其评价要素是在省级状态层要素中选取了 4 个，它们分别是立地条件、剖面性状、理化性状、土壤管理；第三层为指标层，其评价要素与省级指标层基本相同。详见表 2-4。

表 2-4　温州市耕地地力评价指标体系

目标层	状态层	指标层
耕地地力	立地条件	地貌类型
		坡度
		冬季地下水位
		地表砾石度
	剖面性状	剖面构型
		耕层厚度
	理化性状	质地
		容重
		pH 值
		阳离子交换量
		水溶性盐总量
		有机质
		有效磷
		速效钾
	土壤管理	抗旱/排涝能力

2. 评价指标分级及分值确定

本次地力评价采用因素（即指标，下同）分值线性加权方法计算评价单元综合地力指数，因此，首先需要建立因素的分级标准，并确定相应的分值，形成因素分级和分值体系表。参照浙江省耕地地力评价指标分级分值标准，经市、区里专家评估比较，确定温州市各因素的分级和分值标准，分值 1 表示最好，分值 0.1 表示最差。具体如下。

（1）地貌类型。见表 2-5。

表 2-5　地貌类型

类型	水网平原	滨海平原、河谷平原大畈、丘陵大畈	河谷平原	低丘	高丘、山地
分值	1.0	0.8	0.7	0.5	0.3

（2）坡度。见表 2-6。

表 2-6 坡度

坡度（°）	≤3	3~6	6~10	10~15	15~25	>25
分值	1.0	0.8	0.7	0.4	0.1	0.0

（3）冬季地下水位（距地面 cm）。见表 2-7。

表 2-7 冬季地下水位

地下水位（cm）	80~100	>100	50~80	20~50	≤20
分值	1.0	0.8	0.7	0.3	0.1

（4）地表砾石度（1mm 以上土占比）。见表 2-8。

表 2-8 地表砾石度

砾石度（mm）	≤10	10~25	>25
分值	1.0	0.5	0.2

（5）剖面构型。见表 2-9。

表 2-9 剖面构型

剖面构型	A-Ap-W-C、A-［B］-C	A-Ap-P-C、A-Ap-Gw-G	A-［B］C-C	A-Ap-C、A-Ap-G	A-C
分值	1.0	0.8	0.5	0.3	0.1

（6）耕层厚度（cm）。见表 2-10。

表 2-10 耕层厚度

厚度（cm）	>20	16~20	12~16	8.0~12	≤8.0
分值	1.0	0.9	0.8	0.6	0.3

（7）质地。见表 2-11。

表 2-11 质地

质地	黏壤土	壤土、砂壤土	黏土、壤砂土	砂土
分值	1.0	0.9	0.7	0.5

（8）容重（g/cm³）。见表 2-12。

表 2-12 容重

容重（g/cm³）	0.9~1.1	≤0.9 或 1.1~1.3	>1.3
分值	1.0	0.8	0.5

（9）pH 值。见表 2-13。

表 2-13　pH 值

pH 值	6.5~7.5	5.5~6.5	7.5~8.5	4.5~5.5	≤4.5、>8.5
分值	1.0	0.8	0.7	0.4	0.2

（10）阳离子交换量（cmol/kg）。见表 2-14。

表 2-14　阳离子交换量

阳离子交换量（cmol/kg）	>20	15~20	10~15	5~10	≤5
分值	1.0	0.9	0.6	0.4	0.1

（11）水溶性盐总量（g/kg）。见表 2-15。

表 2-15　水溶性盐总量

水溶性盐总量（g/kg）	≤1	1~2	2~3	3~4	4~5	>5
分值	1.0	0.8	0.5	0.3	0.2	0.1

（12）有机质（g/kg）。见表 2-16。

表 2-16　有机质

有机质（g/kg）	>40	30~40	20~30	10~20	≤10
分值	1.0	0.9	0.8	0.5	0.3

（13）有效磷（mg/kg）。见表 2-17 和表 2-18。

表 2-17　有效磷（Olsen 法）

有效磷（mg/kg）	30~40	20~30	15~20 或>40	10~15	5~10	≤5
分值	1.0	0.9	0.8	0.7	0.5	0.2

表 2-18　有效磷（Bray 法）

有效磷（mg/kg）	35~50	25~35	18~25、>50	12~18	7~12	≤7
分值	1.0	0.9	0.8	0.7	0.5	0.2

（14）速效钾（mg/kg）。表 2-19。

表 2-19　速效钾

速效钾（mg/kg）	≤50	50~80	80~100	100~150	>150
分值	0.3	0.5	0.7	0.9	1.0

（15）排涝（抗旱）能力。见表 2-20 和表 2-21。

表 2-20　排涝能力

排涝能力	一日暴雨一日排出	一日暴雨二日排出	一日暴雨三日排出
分值	1.0	0.6	0.2

表 2-21　抗旱能力

抗旱能力天数（d）	>70	50~70	30~50	≤30
分值	1.0	0.8	0.4	0.2

3. 确定指标权重

对参与评价的 15 个指标进行了权重计算，具体数值见表 2-22。

表 2-22　温州市耕地地力评价体系各指标权重

序号	指标	权重	序号	指标	权重
1	地貌类型	0.100	9	pH 值	0.060
2	剖面构型	0.050	10	阳离子交换量	0.080
3	地表砾石度	0.060	11	水溶性盐总量	0.040
4	冬季地下水位	0.050	12	有机质	0.1000
5	耕层厚度	0.070	13	有效磷	0.060
6	耕层质地	0.080	14	速效钾	0.060
7	坡度	0.050	15	排涝/抗旱能力	0.100
8	容重	0.040			

四、评价单元

本次评价采用土地利用现状图（比例尺为 1∶50 000）和土壤图（比例尺为 1∶50 000）叠加形成的图斑作为评价单元。评价单元图的每个图斑都必须有参与评价指标的属性数据。根据不同类型数据的特点，可采用以下几种途径为评价单元获取数据：①对于点分布图，先进行插值形成栅格图，与评价单元图叠加后采用加权统计的方法为评价单元赋值。如土壤速效钾点位图、有效磷点位图等。②对于矢量图，直接与评价单元图叠加，再采用加权统计的方法为评价单元赋值。如土壤质地、容重等较稳定的土壤理化性状，可用温州市范围内同一个土种的平均值作为评价单元赋值。

五、农田地力分级方法与标准

根据每个标准农田评价单元各指标权重和生产能力分值，计算出综合地力分值，根据表 2-23 地力分等定级综合地力指数方案，即可得出评价单元地力等级状况。若评价单元存在土壤主要障碍因子，降一个等级。温州市农田地力设三等六级，其中，一级、二级组成一等地；三级、四级组成二等地；五级、六级组成三等地。

1. 计算地力指数

应用线性加权法，计算每个评价单元的综合地力指数（IFI）。计算公式为：

$$IFI = \sum (Fi \times wi)$$

式中，$\sum$ 为求和运算符；Fi 为单元第 i 个评价因素的分值，wi 为第 i 个评价因素的权重，也即该属性对耕地地力的贡献率。

2. 划分地力等级

应用等距法确定耕地地力综合指数分级方案，将温州市耕地地力等级分为以下 6 级。见表 2-23。

表 2-23　温州市耕地地力评价等级划分

地力等级		耕地综合地力指数（IFI）
一等	一级	≥0.9
	二级	0.9~0.8
二等	三级	0.8~0.7
	四级	0.70~0.6
三等	五级	0.6~0.5
	六级	<0.50

六、农田地力等级图的编制

温州市农田地力等级图按以下步骤进行。

1. 收集评价需要的信息

主要包括野外调查资料（地形地貌、土壤母质、水文、土层厚度、表层质地、耕地利用现状、灌排条件、作物长势产量、管理措施水平等）、室内分析资料（有机质、全氮、速效氮、全磷、速效磷、速效钾等大量养分分析数据，以及 pH 值、土壤容重、阳离子交换量和盐分等的分析数据）、社会经济统计资料和相关图件资料（行政区划图、地形图、土壤图、地貌分区图、土地利用现状图等）。

2. 建立空间数据库和属性数据库

根据评价指标体系，建立相应的评价指标数据库。

3. 应用线性加权法，计算每个评价单元的综合地力指数

应用空间叠加分析，以点代面和区域统计方法计算地力综合指数。

4. 编制农田地力等级图

应用 GIS 技术和耕地统计方法进行耕地地力等级的空间插值分析，形成地力等级图。

第三章 温州市耕地地力总体情况

第一节 耕地地力等级及面积构成

本次地力评价涉及的耕地总面积为 242 418.73hm² (表 3-1)。根据耕地生产性能综合指数值，采用等距法将耕地地力划分为三等六级。一等地是温州市的高产耕地，面积为 57 825.35hm²，占耕地总面积的 23.85%；二等地属中产耕地，面积为 163 428.64hm²，是温州市耕地的主体，占耕地总面积的 67.42%；三等地属低产耕地，面积较少，为 21 164.73hm²，仅占 8.73%。温州市耕地以二等地为主，一等地也有较大的面积，但三等地面积较小，总体上温州市耕地地力较高。

一等、二等和三等耕地依次可分为一级、二级，三级、四级和五级、六级耕地。统计表明 (表 3-1)，温州市一级地力耕地面积很小，为 4 332.98hm²，只占耕地总面积的 1.79%；二级地力耕地面积为 53 492.37hm²，占耕地总面积的 22.07%；三级地力耕地面积为 80 661.13hm²，占耕地总面积的 33.27%；四级地力耕地面积为 82 767.51hm²，占耕地总面积的 34.14%；五级地面积有 20 425.67hm²，占耕地总面积的 8.43%；六级地面积有 739.06hm²，占耕地总面积的 0.30%。可见，温州市的耕地主要有二级、三级和四级组成，耕地地力主要为中高水平。

表 3-1 温州市各等级耕地面积统计

等	级	地块总数（块）	所占比例（%）	总面积（hm²）	所占比例（%）
合计		196 165	100.00	242 418.73	100.00
一等地	一等地合计	41 076	20.94	57 825.35	23.85
	一级	2 894	1.48	4 332.98	1.79
	二级	38 182	19.46	53 492.37	22.07
二等地	二等地合计	135 939	69.30	163 428.64	67.42
	三级	67 033	34.17	80 661.13	33.27
	四级	68 906	35.13	82 767.51	34.14
三等地	三等地合计	19 150	9.76	21 164.73	8.73
	五级	18 568	9.47	20 425.67	8.43
	六级	582	0.30	739.06	0.30

第二节 各县（区、市）耕地地力构成

表 3-2 为温州市各县（市、区）不同级别耕地的分布情况。永嘉县的耕地面积最大，为 39 004.33hm²；其次为瑞安市，面积为 38 560.31hm²；洞头县的耕地面积最小，只有 1 680.54hm²；龙湾区、鹿城区和瓯海区的耕地面积也较小，在 4 000~9 000hm²，其他县（市、区）的耕地面积在 25 000~36 000hm²。从表 3-2 中统计数据可知，各县（市、区）平均地力指数在 0.620~0.830，有一定的差异；平均地力指数在 0.80 以上的只有龙湾区，平均地力指数在 0.70 以下的有泰顺县和

表3-2 温州市耕地分县（市、区）分级汇总表

县（市、区）	面积(hm²)	占总面积(%)	平均地力指数	一等地 面积(hm²)	一等地占本县(%)	一级地占本县(%)	二级地占本县(%)	二等地 面积(hm²)	二等地占本县(%)	三级地占本县(%)	四级地占本县(%)	三等地 面积(hm²)	三等地占本县(%)	五级地占本县(%)	六级地占本县(%)
苍南县	35 158.83	14.50	0.77	15 695.51	44.64	4.79	39.85	17 905.49	50.93	25.78	25.15	1 557.82	4.43	4.43	0.00
洞头县	1 680.54	0.69	0.77	618.75	36.82	0.00	36.82	1 061.79	63.18	47.07	16.11	0.00	0.00	0.00	0.00
乐清市	26 665.62	11.00	0.73	8 431.99	31.62	0.00	31.62	13 498.09	50.62	38.76	11.86	4 735.55	17.76	15.41	2.35
龙湾区	4 277.21	1.76	0.83	3 450.39	80.67	0.12	80.55	826.82	19.33	17.64	1.69	0.00	0.00	0.00	0.00
鹿城区	4 962.01	2.05	0.73	883.47	17.80	0.00	17.80	3 909.13	78.78	56.11	22.67	169.41	3.41	3.41	0.00
瓯海区	8 610.33	3.55	0.78	4 861.16	56.46	6.68	49.78	3 562.35	41.37	20.47	20.91	186.82	2.17	2.17	0.00
平阳县	31 832.51	13.13	0.74	7 275.63	22.86	1.38	21.48	24 015.04	75.44	44.48	30.96	541.85	1.70	1.70	0.00
瑞安市	38 560.31	15.91	0.74	12 750.64	33.07	4.22	28.84	23 717.74	61.51	34.91	26.60	2 091.93	5.43	5.43	0.16
泰顺县	25 392.69	10.47	0.62	176.93	0.70	0.00	0.70	17 884.75	70.43	4.65	65.78	7 331.00	28.87	28.71	0.16
文成县	26 274.35	10.84	0.65	0.00	0.00	0.00	0.00	23 979.40	91.27	16.46	74.81	2 294.95	8.73	8.66	0.07
永嘉县	39 004.33	16.09	0.72	3 680.88	9.44	0.00	9.44	33 068.05	84.78	56.52	28.26	2 255.40	5.78	5.64	0.14
总计	242 418.7	100.00	0.72	57 825.35	23.85	1.79	22.07	163 428.64	67.42	33.27	34.14	21 164.73	8.73	8.43	0.30

表3-3 温州市耕地分乡镇分级汇总表

地区	一等地 面积(hm²)	一等地占本镇(%)	一级地占本镇(%)	二级地占本镇(%)	二等地 面积(hm²)	二等地占本镇(%)	三级地占本镇(%)	四级地占本镇(%)	三等地 面积(hm²)	三等地占本镇(%)	五级地占本镇(%)	六级地占本镇(%)
苍南县	15 695.51	44.64	4.79	39.85	17 905.49	50.93	25.78	25.15	1 557.82	4.43	4.43	0.00
巴曹镇	854.64	98.66	45.02	53.64	11.60	1.34	1.34	0.00	0.00	0.00	0.00	0.00
昌禅乡	0.84	0.18	0.00	0.18	456.72	99.68	40.25	59.43	0.64	0.14	0.14	0.00
赤溪镇	153.63	11.71	0.00	11.71	1 148.87	87.55	17.38	70.17	9.74	0.74	0.74	0.00
大渔镇	0.00	0.00	0.00	0.00	193.02	100.00	79.19	20.81	0.00	0.00	0.00	0.00
岱岭畲族乡	6.18	1.00	0.00	1.00	611.29	99.00	54.65	44.35	0.00	0.00	0.00	0.00

（续表）

地区	面积（hm²）	平均地力指数	一等地				二等地				三等地			
			面积（hm²）	一等地占本镇（%）	一级地占本镇（%）	二级地占本镇（%）	面积（hm²）	二等地占本镇（%）	三级地占本镇（%）	四级地占本镇（%）	面积（hm²）	三等地占本镇（%）	五级地占本镇（%）	六级地占本镇（%）
矾山镇	1 318.35	0.69	0.00	0.00	0.00	0.00	1 316.12	99.83	35.49	64.34	2.24	0.17	0.17	0.00
凤池乡	492.30	0.75	7.60	1.54	0.00	1.54	484.69	98.46	89.25	9.21	0.00	0.00	0.00	0.00
凤阳畲族乡	519.31	0.69	10.87	2.09	0.00	2.09	508.45	97.91	31.90	66.01	0.00	0.00	0.00	0.00
观美镇	1 531.17	0.66	48.34	3.16	0.00	3.16	1 051.44	68.67	18.36	50.31	431.39	28.17	28.17	0.00
鹤顶山	61.38	0.72	0.00	0.00	0.00	0.00	61.38	100.00	92.58	7.42	0.00	0.00	0.00	0.00
金乡镇	1 760.45	0.87	1647.08	93.56	13.63	79.93	113.36	6.44	6.44	0.00	0.00	0.00	0.00	0.00
莒溪镇	845.59	0.63	0.00	0.00	0.00	0.00	682.14	80.67	1.95	78.72	163.45	19.33	19.33	0.00
括山乡	807.59	0.81	570.83	70.68	0.00	70.68	236.75	29.32	8.25	21.06	0.00	0.00	0.00	0.00
灵溪镇	4 059.44	0.80	1988.80	48.99	2.65	46.34	2 070.64	51.01	43.45	7.56	0.00	0.00	0.00	0.00
龙港镇	3 790.45	0.86	3517.05	92.79	4.95	87.83	273.39	7.21	7.21	0.00	0.00	0.00	0.00	0.00
龙沙乡	894.82	0.68	122.00	13.63	0.00	13.63	522.83	58.43	24.06	34.37	249.99	27.94	27.94	0.00
芦浦镇	477.37	0.87	415.63	87.07	12.40	74.66	61.74	12.93	12.93	0.00	0.00	0.00	0.00	0.00
马站镇	1 330.79	0.82	867.24	65.17	8.57	56.60	463.55	34.83	28.17	6.67	0.00	0.00	0.00	0.00
南宋镇	606.40	0.69	4.67	0.77	0.00	0.77	594.27	98.00	39.78	58.22	7.46	1.23	1.23	0.00
蒲城乡	327.50	0.89	327.50	100.00	40.66	59.34	0.00	0.00	0.00	0.00	0.00	0.00	0.00	0.00
浦亭乡	899.21	0.72	37.61	4.18	0.00	4.18	861.60	95.82	64.95	30.86	0.00	0.00	0.00	0.00
钱库镇	1 123.08	0.89	1123.08	100.00	17.54	82.46	0.00	0.00	0.00	0.00	0.00	0.00	0.00	0.00
桥墩镇	1 928.99	0.66	0.00	0.00	0.00	0.00	1 852.94	96.06	13.12	82.94	76.05	3.94	3.94	0.00
石坪乡	91.97	0.73	0.00	0.00	0.00	0.00	91.97	100.00	83.31	16.69	0.00	0.00	0.00	0.00
腾祥乡	393.45	0.64	0.00	0.00	0.00	0.00	344.73	87.62	5.23	82.39	48.72	12.38	12.38	0.00
望里镇	709.52	0.82	580.67	81.84	0.00	81.84	128.85	18.16	17.63	0.53	0.00	0.00	0.00	0.00
五凤乡	909.02	0.60	0.00	0.00	0.00	0.00	340.88	37.50	37.50	37.50	568.15	62.50	62.50	0.00
霞关镇	746.28	0.77	193.39	25.91	0.88	25.04	552.89	74.09	68.67	5.42	0.00	0.00	0.00	0.00

（续表）

地区	面积（hm²）	平均地力指数	一等地 面积（hm²）	一等地占本镇（%）	一级地占本镇（%）	二级地占本镇（%）	二等地 面积（hm²）	二等地占本镇（%）	三级地占本镇（%）	四级地占本镇（%）	三等地 面积（hm²）	三等地占本镇（%）	五级地占本镇（%）	六级地占本镇（%）
仙居乡	541.28	0.88	532.39	98.36	9.64	88.72	8.89	1.64	1.64	0.00	0.00	0.00	0.00	0.00
新安乡	437.26	0.87	437.26	100.00	2.77	97.23	0.00	0.00	0.00	0.00	0.00	0.00	0.00	0.00
炎亭镇	309.53	0.77	95.14	30.74	0.00	30.74	214.39	69.26	58.05	11.22	0.00	0.00	0.00	0.00
沿浦镇	1 197.63	0.82	779.31	65.07	9.25	55.82	418.33	34.93	24.68	10.25	0.00	0.00	0.00	0.00
宜山镇	476.71	0.88	476.71	100.00	7.85	92.15	0.00	0.00	0.00	0.00	0.00	0.00	0.00	0.00
渔寮乡	579.66	0.74	28.30	4.88	0.00	4.88	551.36	95.12	72.13	22.99	0.00	0.00	0.00	0.00
云岩乡	496.87	0.88	496.87	100.00	7.55	92.45	0.00	0.00	0.00	0.00	0.00	0.00	0.00	0.00
灵溪镇	1 772.20	0.75	365.12	20.60	0.00	20.60	1 407.08	79.40	55.33	24.07	0.00	0.00	0.00	0.00
中墩乡	276.08	0.72	6.75	2.44	0.00	2.44	269.33	97.56	57.11	40.45	0.00	0.00	0.00	0.00
洞头县	1 680.54	0.77	618.75	36.82	0.00	36.82	1 061.79	63.18	47.07	16.11	0.00	0.00	0.00	0.00
北岙镇	354.70	0.81	240.36	67.77	0.00	67.77	114.34	32.23	32.23	0.00	0.00	0.00	0.00	0.00
大门镇	654.27	0.75	179.04	27.36	0.00	27.36	475.23	72.64	48.41	24.22	0.00	0.00	0.00	0.00
东屏镇	253.50	0.81	104.88	41.37	0.00	41.37	148.61	58.63	58.63	0.00	0.00	0.00	0.00	0.00
鹿西乡	112.35	0.65	0.00	0.00	0.00	0.00	112.35	100.00	0.00	100.00	0.00	0.00	0.00	0.00
霓屿乡	255.99	0.76	62.67	24.48	0.00	24.48	193.32	75.52	75.52	0.00	0.00	0.00	0.00	0.00
元觉乡	49.73	0.78	31.80	63.94	0.00	63.94	17.94	36.06	36.06	0.00	0.00	0.00	0.00	0.00
乐清市	26 665.62	0.73	8 431.99	31.62	0.00	31.62	13 498.09	50.62	38.76	11.86	4 735.55	17.76	15.41	2.35
白石镇	738.95	0.60	0.00	0.00	0.00	0.00	343.21	46.45	32.69	13.75	395.74	53.55	25.69	27.86
北白象镇	1 928.62	0.78	520.64	27.00	0.00	27.00	1 405.24	72.86	72.09	0.77	2.73	0.14	0.14	0.00
城北乡	721.41	0.52	0.00	0.00	0.00	0.00	3.93	0.54	0.00	0.54	717.49	99.46	72.65	26.81
大荆镇	1 550.42	0.69	159.38	10.28	0.00	10.28	1 267.48	81.75	32.46	49.29	123.56	7.97	7.97	0.00
淡溪镇	440.91	0.71	3.37	0.76	0.00	0.76	388.52	88.12	76.57	11.55	49.02	11.12	11.12	0.00
芙蓉镇	910.07	0.73	4.51	0.50	0.00	0.50	905.55	99.50	74.95	24.55	0.00	0.00	0.00	0.00

（续表）

地区	面积(hm²)	平均地力指数	一等地				二等地				三等地			
			面积(hm²)	一等地占本镇(%)	一级地占本镇(%)	二级地占本镇(%)	面积(hm²)	二等地占本镇(%)	三级地占本镇(%)	四级地占本镇(%)	面积(hm²)	三等地占本镇(%)	五级地占本镇(%)	六级地占本镇(%)
福溪乡	367.35	0.51	0.00	0.00	0.00	0.00	0.00	0.00	0.00	0.00	367.35	100.00	74.74	25.26
虹桥镇	2 180.19	0.80	1248.03	57.24	0.00	57.24	932.16	42.76	42.66	0.09	0.00	0.00	0.00	0.00
湖雾镇	829.77	0.69	58.40	7.04	0.00	7.04	663.03	79.90	39.60	40.31	108.34	13.06	13.06	0.00
黄华镇	811.20	0.82	619.07	76.32	0.00	76.32	192.13	23.68	23.68	0.00	0.00	0.00	0.00	0.00
乐成镇	2 334.24	0.76	1 005.53	43.08	0.00	43.08	1 172.09	50.21	37.83	12.39	156.62	6.71	6.48	0.23
岭底乡	459.36	0.53	0.00	0.00	0.00	0.00	52.90	11.52	0.00	11.52	406.46	88.48	66.10	22.38
柳市镇	1 374.47	0.78	398.29	28.98	0.00	28.98	976.18	71.02	67.61	3.41	0.00	0.00	0.00	0.00
龙西乡	327.68	0.58	0.00	0.00	0.00	0.00	54.56	16.65	0.00	16.65	273.13	83.35	83.35	0.00
南塘镇	544.44	0.81	339.14	62.29	0.00	62.29	205.30	37.71	37.71	0.00	0.00	0.00	0.00	0.00
南岳镇	662.08	0.79	333.31	50.34	0.00	50.34	328.77	49.66	47.84	1.82	0.00	0.00	0.00	0.00
磐石镇	507.28	0.78	82.25	16.21	0.00	16.21	425.03	83.79	83.79	0.00	0.00	0.00	0.00	0.00
蒲岐镇	619.27	0.79	230.68	37.25	0.00	37.25	388.59	62.75	62.54	0.21	0.00	0.00	0.00	0.00
七里港镇	353.88	0.81	212.87	60.15	0.00	60.15	141.01	39.85	39.85	0.00	0.00	0.00	0.00	0.00
清江镇	1 102.23	0.79	475.11	43.10	0.00	43.10	627.12	56.90	54.42	2.48	0.00	0.00	0.00	0.00
石帆镇	1 135.57	0.77	425.36	37.46	0.00	37.46	705.92	62.16	49.69	12.47	4.29	0.38	0.38	0.00
双峰乡	545.46	0.56	0.00	0.00	0.00	0.00	34.48	6.32	0.00	6.32	510.99	93.68	93.16	0.52
四都乡	568.96	0.62	0.00	0.00	0.00	0.00	362.71	63.75	4.40	59.35	206.25	36.25	34.72	1.53
天成乡	515.73	0.81	338.05	65.55	0.00	65.55	177.68	34.45	34.45	0.00	0.00	0.00	0.00	0.00
翁垟镇	1 131.32	0.82	841.31	74.37	0.00	74.37	290.01	25.63	25.63	0.00	0.00	0.00	0.00	0.00
仙溪镇	649.05	0.59	0.00	0.00	0.00	0.00	294.63	45.39	0.00	45.39	354.42	54.61	54.61	0.00
象阳镇	780.52	0.83	703.26	90.10	0.00	90.10	77.26	9.90	9.90	0.00	0.00	0.00	0.00	0.00
雁荡镇	1 162.94	0.78	433.43	37.27	0.00	37.27	729.50	62.73	57.71	5.02	0.00	0.00	0.00	0.00
雁湖乡	396.45	0.65	0.00	0.00	0.00	0.00	320.04	80.73	9.34	71.39	76.41	19.27	19.27	0.00

(续表)

地区	面积 (hm²)	平均地力指数	一等地				二等地				三等地			
			面积 (hm²)	一等地占本镇(%)	一级地占本镇(%)	二级地占本镇(%)	面积 (hm²)	二等地占本镇(%)	三级地占本镇(%)	四级地占本镇(%)	面积 (hm²)	三等地占本镇(%)	五级地占本镇(%)	六级地占本镇(%)
镇安乡	546.50	0.55	0.00	0.00	0.00	0.00	25.99	4.75	0.00	4.75	520.51	95.25	92.89	2.35
智仁乡	469.29	0.55	0.00	0.00	0.00	0.00	7.07	1.51	0.00	1.51	462.23	98.49	98.05	0.44
龙湾区	4 277.21	0.83	3 450.39	80.67	0.12	80.55	826.82	19.33	17.64	1.69	0.00	0.00	0.00	0.00
海滨街道	661.15	0.85	640.50	96.88	0.00	96.88	20.65	3.12	3.12	0.00	0.00	0.00	0.00	0.00
海城街道	530.66	0.86	522.62	98.48	0.94	97.54	8.04	1.52	1.52	0.00	0.00	0.00	0.00	0.00
灵昆镇	626.95	0.83	427.84	68.24	0.00	68.24	199.10	31.76	31.76	0.00	0.00	0.00	0.00	0.00
蒲州街道	35.57	0.80	26.50	74.49	0.00	74.49	9.07	25.51	25.51	0.00	0.00	0.00	0.00	0.00
沙城镇	295.16	0.83	173.17	58.67	0.00	58.67	121.99	41.33	41.33	0.00	0.00	0.00	0.00	0.00
天河镇	354.98	0.84	325.98	91.83	0.00	91.83	28.99	8.17	8.17	0.00	0.00	0.00	0.00	0.00
瑶溪镇	372.16	0.78	249.19	66.96	0.00	66.96	122.97	33.04	17.30	15.74	0.00	0.00	0.00	0.00
永兴街道	834.21	0.82	604.65	72.48	0.00	72.48	229.57	27.52	27.52	0.00	0.00	0.00	0.00	0.00
永中街道	491.46	0.82	425.61	86.60	0.00	86.60	65.84	13.40	10.57	2.83	0.00	0.00	0.00	0.00
状元镇	74.92	0.80	54.33	72.52	0.00	72.52	20.59	27.48	27.48	0.00	0.00	0.00	0.00	0.00
鹿城区	4 962.01	0.73	883.47	17.80	0.00	17.80	3 909.13	78.78	56.11	22.67	169.41	3.41	3.41	0.00
岙底乡	674.86	0.71	51.41	7.62	0.00	7.62	601.73	89.16	45.87	43.30	21.72	3.22	3.22	0.00
广化街道	2.68	0.77	0.00	0.00	0.00	0.00	2.68	100.00	100.00	0.00	0.00	0.00	0.00	0.00
洪殿街道	6.86	0.75	0.00	0.00	0.00	0.00	6.86	100.00	100.00	0.00	0.00	0.00	0.00	0.00
黄龙街道	58.37	0.80	38.15	65.36	0.00	65.36	20.22	34.64	33.94	0.69	0.00	0.00	0.00	0.00
黎明街道	49.11	0.75	0.00	0.00	0.00	0.00	49.11	100.00	100.00	0.00	0.00	0.00	0.00	0.00
莲池街道	3.78	0.79	0.77	20.38	0.00	20.38	3.01	79.62	79.62	0.00	0.00	0.00	0.00	0.00
临江镇	612.03	0.72	1.12	0.18	0.00	0.18	610.92	99.82	75.58	24.24	0.00	0.00	0.00	0.00
南郊乡	19.06	0.80	11.00	57.72	0.00	57.72	8.06	42.28	42.28	0.00	0.00	0.00	0.00	0.00
南浦街道	0.54	0.80	0.54	100.00	0.00	100.00	0.00	0.00	0.00	0.00	0.00	0.00	0.00	0.00

（续表）

地区	面积（hm²）	平均地力指数	一等地 面积（hm²）	一等地占本镇（%）	一级地占本镇（%）	二级地占本镇（%）	二等地 面积（hm²）	二等地占本镇（%）	三级地占本镇（%）	四级地占本镇（%）	三等地 面积（hm²）	三等地占本镇（%）	五级地占本镇（%）	六级地占本镇（%）
七都镇	620.29	0.78	280.89	45.28	0.00	45.28	339.40	54.72	53.71	1.01	0.00	0.00	0.00	0.00
上戍乡	604.69	0.78	202.78	33.53	0.00	33.53	401.90	66.47	64.97	1.49	0.00	0.00	0.00	0.00
双潮乡	642.73	0.64	0.00	0.00	0.00	0.00	503.27	78.30	24.74	53.56	139.46	21.70	21.70	0.00
双屿镇	92.15	0.78	5.77	6.26	0.00	6.26	86.38	93.74	93.74	0.00	0.00	0.00	0.00	0.00
藤桥镇	1 024.88	0.75	254.28	24.81	0.00	24.81	769.55	75.09	59.98	15.11	1.05	0.10	0.10	0.00
绣山街道	80.06	0.78	26.94	33.66	0.00	33.66	53.11	66.34	66.34	0.00	0.00	0.00	0.00	0.00
仰义乡	469.92	0.72	9.81	2.09	0.00	2.09	452.93	96.38	60.28	36.10	7.18	1.53	1.53	0.00
瓯海区	8 610.33	0.78	4 861.16	56.46	6.68	49.78	3 562.35	41.37	20.47	20.91	186.82	2.17	2.17	0.00
茶山街道	154.71	0.75	56.07	36.24	7.16	29.08	98.64	63.76	28.42	35.33	0.00	0.00	0.00	0.00
郭溪镇	973.76	0.80	624.64	64.15	0.00	64.15	349.11	35.85	28.31	7.54	0.00	0.00	0.00	0.00
景山街道	7.41	0.87	7.41	100.00	0.00	100.00	0.00	0.00	0.00	0.00	0.00	0.00	0.00	0.00
丽岙镇	944.71	0.85	937.22	99.21	10.96	88.25	7.49	0.79	0.79	0.00	0.00	0.00	0.00	0.00
娄桥街道	604.84	0.86	601.73	99.49	2.69	96.80	3.10	0.51	0.51	0.00	0.00	0.00	0.00	0.00
南白象街道	203.83	0.86	203.83	100.00	2.54	97.46	0.00	0.00	0.00	0.00	0.00	0.00	0.00	0.00
潘桥街道	1 108.14	0.84	1 035.83	93.47	5.19	88.28	72.31	6.53	6.53	0.00	0.00	0.00	0.00	0.00
瞿溪镇	359.60	0.79	203.67	56.64	0.12	56.52	155.93	43.36	36.15	7.21	0.00	0.00	0.00	0.00
三垟街道	178.86	0.86	178.14	99.60	0.00	99.60	0.72	0.40	0.40	0.00	0.00	0.00	0.00	0.00
梧埏街道	171.56	0.85	170.47	99.36	0.00	99.36	1.09	0.64	0.64	0.00	0.00	0.00	0.00	0.00
仙岩镇	593.21	0.89	591.99	99.80	64.07	35.73	1.21	0.20	0.20	0.20	0.00	0.00	0.00	0.00
新桥街道	109.57	0.87	109.57	100.00	0.93	99.07	0.00	0.00	0.00	0.00	0.00	0.00	0.00	0.00
泽雅镇	3 200.14	0.69	140.57	4.39	0.00	4.39	2 872.75	89.77	38.37	51.40	186.82	5.84	5.84	0.00
平阳县	31 832.51	0.74	7 275.63	22.86	1.38	21.48	24 015.04	75.44	44.48	30.96	541.85	1.70	1.70	0.00
鳌江镇	6 676.74	0.70	470.64	7.05	0.00	7.05	5 780.19	86.57	53.91	32.66	425.91	6.38	6.38	0.00

（续表）

地区	面积(hm²)	平均地力指数	一等地 面积(hm²)	一等地占本镇(%)	一级地占本镇(%)	二级地占本镇(%)	二等地 面积(hm²)	二等地占本镇(%)	三级地占本镇(%)	四级地占本镇(%)	三等地 面积(hm²)	三等地占本镇(%)	五级地占本镇(%)	六级地占本镇(%)
昆阳镇	3 326.11	0.83	2633.69	79.18	0.72	78.46	692.41	20.82	19.84	0.98	0.00	0.00	0.00	0.00
麻步镇	1 924.32	0.72	29.79	1.55	0.00	1.55	1 894.53	98.45	84.95	13.50	0.00	0.00	0.00	0.00
南雁镇	994.42	0.73	31.11	3.13	0.00	3.13	963.32	96.87	84.14	12.73	0.00	0.00	0.00	0.00
青街畲族乡	462.71	0.68	0.00	0.00	0.00	0.00	462.71	100.00	19.82	80.18	0.00	0.00	0.00	0.00
山门镇	2 086.43	0.72	43.88	2.10	0.00	2.10	2 042.55	97.90	59.62	38.28	0.00	0.00	0.00	0.00
水头镇	5 998.71	0.70	51.30	0.86	0.00	0.86	5 928.08	98.82	46.20	52.62	19.34	0.32	0.32	0.00
顺溪镇	1 305.12	0.68	0.00	0.00	0.00	0.00	1 303.76	99.90	28.06	71.84	1.36	0.10	0.10	0.00
腾蛟镇	3 122.33	0.68	8.84	0.28	0.00	0.28	3 018.25	96.67	38.20	58.47	95.24	3.05	3.05	0.00
万全镇	4 065.40	0.86	3 921.17	96.45	10.21	86.24	144.23	3.55	1.84	1.71	0.00	0.00	0.00	0.00
萧江镇	1 870.22	0.76	85.21	4.56	0.00	4.56	1 785.01	95.44	90.27	5.17	0.00	0.00	0.00	0.00
瑞安市	38 560.31	0.74	12 750.64	33.07	4.22	28.84	23 717.74	61.51	34.91	26.60	2 091.93	5.43	5.43	0.00
安阳街道	3.28	0.85	3.28	100.00	0.00	100.00	0.00	0.00	0.00	0.00	0.00	0.00	0.00	0.00
北麂乡	23.82	0.80	15.25	64.04	0.00	64.04	8.56	35.96	35.96	0.00	0.00	0.00	0.00	0.00
北龙乡	37.25	0.78	4.48	12.02	0.00	12.02	32.77	87.98	87.98	0.00	0.00	0.00	0.00	0.00
碧山镇	1 297.89	0.73	0.00	0.00	0.00	0.00	1 297.89	100.00	93.87	6.13	0.00	0.00	0.00	0.00
曹村镇	1 228.56	0.72	4.03	0.33	0.00	0.33	1 211.23	98.59	92.87	5.72	13.30	1.08	1.08	0.00
潮基乡	359.18	0.64	0.00	0.00	0.00	0.00	354.11	98.59	11.48	87.11	5.07	1.41	1.41	0.00
大南乡	942.67	0.62	0.00	0.00	0.00	0.00	725.95	77.01	1.22	75.79	216.72	22.99	22.99	0.00
东山街道	319.63	0.84	319.63	100.00	0.00	100.00	0.00	0.00	0.00	0.00	0.00	0.00	0.00	0.00
东岩乡	463.01	0.64	0.00	0.00	0.00	0.00	463.01	100.00	0.00	100.00	0.00	0.00	0.00	0.00
芳庄乡	1 219.75	0.63	0.00	0.00	0.00	0.00	1 174.89	96.32	0.00	96.32	44.86	3.68	3.68	0.00
飞云镇	4 092.61	0.86	3 931.88	96.07	9.92	86.15	160.73	3.93	3.93	0.00	0.00	0.00	0.00	0.00
枫岭乡	377.83	0.63	0.00	0.00	0.00	0.00	345.70	91.50	0.00	91.50	32.13	8.50	8.50	0.00

（续表）

地区	面积 （hm²）	平均地 力指数	一等地				二等地				三等地			
			面积 （hm²）	一等地 占本镇 （%）	一级地 占本镇 （%）	二级地 占本镇 （%）	面积 （hm²）	二等地 占本镇 （%）	三级地 占本镇 （%）	四级地 占本镇 （%）	面积 （hm²）	三等地 占本镇 （%）	五级地 占本镇 （%）	六级地 占本镇 （%）
高楼乡	973.94	0.61	0.00	0.00	0.00	0.00	677.40	69.55	0.00	69.55	296.54	30.45	30.45	0.00
桂峰乡	464.27	0.56	0.00	0.00	0.00	0.00	22.61	4.87	0.00	4.87	441.66	95.13	95.13	0.00
湖岭镇	742.89	0.65	0.00	0.00	0.00	0.00	742.89	100.00	7.78	92.22	0.00	0.00	0.00	0.00
金川乡	758.34	0.63	0.00	0.00	0.00	0.00	712.17	93.91	0.00	93.91	46.17	6.09	6.09	0.00
锦湖街道	652.61	0.79	198.84	30.47	2.56	27.91	453.77	69.53	69.53	0.00	0.00	0.00	0.00	0.00
荆谷乡	1 001.13	0.72	7.36	0.73	0.00	0.73	993.77	99.27	88.26	11.01	0.00	0.00	0.00	0.00
林溪乡	1 133.01	0.61	0.00	0.00	0.00	0.00	718.16	63.39	1.28	62.10	414.85	36.61	36.61	0.00
龙湖镇	788.08	0.67	0.00	0.00	0.00	0.00	788.08	100.00	3.18	96.82	0.00	0.00	0.00	0.00
鹿木乡	514.06	0.66	0.00	0.00	0.00	0.00	503.66	97.98	23.81	74.17	10.40	2.02	2.02	0.00
马屿镇	3 016.04	0.72	24.51	0.81	0.00	0.81	2 991.53	99.19	87.58	11.61	0.00	0.00	0.00	0.00
梅屿乡	1 257.31	0.76	113.65	9.04	1.40	7.63	1 143.66	90.96	88.20	2.76	0.00	0.00	0.00	0.00
宁益乡	467.30	0.60	0.00	0.00	0.00	0.00	235.13	50.32	0.00	50.32	232.17	49.68	49.68	0.00
潘岱街道	863.03	0.78	206.91	23.98	6.25	17.73	656.12	76.02	76.02	0.00	0.00	0.00	0.00	0.00
平阳坑镇	1 393.36	0.68	0.00	0.00	0.00	0.00	1 393.36	100.00	35.07	64.93	0.00	0.00	0.00	0.00
上望街道	1 332.76	0.84	1 307.79	98.13	0.00	98.13	24.97	1.87	1.87	0.00	0.00	0.00	0.00	0.00
莘塍乡素乡	1 657.03	0.83	1 543.71	93.16	3.60	89.56	113.32	6.84	6.84	0.00	0.00	0.00	0.00	0.00
顺泰乡	586.77	0.73	0.00	0.00	0.00	0.00	586.77	100.00	88.27	11.73	0.00	0.00	0.00	0.00
塘下镇	2 833.25	0.86	2 764.18	97.56	35.23	62.33	69.07	2.44	2.44	0.00	0.00	0.00	0.00	0.00
陶山镇	1 540.70	0.72	0.23	0.02	0.00	0.02	1 540.47	99.98	84.18	15.80	0.00	0.00	0.00	0.00
汀田镇	1 180.74	0.82	1 043.04	88.34	2.58	85.76	137.70	11.66	11.66	0.00	0.00	0.00	0.00	0.00
桐浦乡	1 855.18	0.75	0.00	0.00	0.00	0.00	1 855.18	100.00	100.00	0.00	0.00	0.00	0.00	0.00
仙降镇	1 588.72	0.84	1 261.87	79.43	2.87	76.56	326.85	20.57	20.57	0.00	0.00	0.00	0.00	0.00
营前乡	792.95	0.66	0.00	0.00	0.00	0.00	792.95	100.00	6.48	93.52	0.00	0.00	0.00	0.00

（续表）

地区	面积（hm²）	平均地力指数	一等地 面积（hm²）	一等地占本镇（%）	一级地占本镇（%）	二级地占本镇（%）	二等地 面积（hm²）	二等地占本镇（%）	三级地占本镇（%）	四级地占本镇（%）	三等地 面积（hm²）	三等地占本镇（%）	五级地占本镇（%）	六级地占本镇（%）
永安乡	801.38	0.61	0.00	0.00	0.00	0.00	463.30	57.81	0.00	57.81	338.07	42.19	42.19	0.00
泰顺县	25 392.69	0.62	176.93	0.70	0.00	0.70	17 884.75	70.43	4.65	65.78	7 331.00	28.87	28.71	0.16
百丈镇	1 862.20	0.61	3.98	0.21	0.00	0.21	1 079.60	57.97	3.31	54.66	778.62	41.81	41.54	0.28
罗阳镇	5 516.74	0.62	0.00	0.00	0.00	0.00	4 170.26	75.59	3.12	72.47	1 346.48	24.41	24.40	0.00
彭溪镇	1 219.13	0.62	0.00	0.00	0.00	0.00	974.44	79.93	5.87	74.06	244.69	20.07	20.07	0.00
三魁镇	3 412.30	0.63	19.36	0.57	0.00	0.57	2 625.02	76.93	5.74	71.19	767.92	22.50	22.50	0.00
仕阳镇	3 179.52	0.60	38.06	1.20	0.00	1.20	1 660.42	52.22	3.09	49.13	1481.03	46.58	45.50	1.08
司前镇	1 352.45	0.62	35.19	2.60	0.00	2.60	1 026.95	75.93	5.06	70.88	290.31	21.47	21.47	0.00
泗溪镇	3 147.28	0.62	0.00	0.00	0.00	0.00	2 104.03	66.85	1.38	65.47	1 043.25	33.15	33.15	0.00
乌岩岭	0.63	0.63	0.00	0.00	0.00	0.00	0.63	100.00	0.00	100.00	0.00	0.00	0.00	0.00
筱村镇	2 889.33	0.64	53.23	1.84	0.00	1.84	2 188.78	75.75	14.07	61.69	647.32	22.40	22.40	0.07
雅阳镇	2 329.32	0.63	27.11	1.16	0.00	1.16	1 862.56	79.96	1.74	78.22	439.65	18.87	18.87	0.00
竹里乡	483.80	0.59	0.00	0.00	0.00	0.00	192.07	39.70	4.68	35.02	291.73	60.30	60.30	0.39
文成县	26 274.35	0.65	0.00	0.00	0.00	0.00	23 979.40	91.27	16.46	74.81	2 294.95	8.73	8.66	0.07
百丈漈镇	2 436.78	0.64	0.00	0.00	0.00	0.00	2 157.88	88.55	17.30	71.25	278.90	11.45	11.45	0.00
大峃镇	4 908.33	0.63	0.00	0.00	0.00	0.00	3 940.37	80.28	2.45	77.83	967.96	19.72	19.33	0.39
黄坦镇	3 604.83	0.66	0.00	0.00	0.00	0.00	3 474.29	96.38	16.08	80.30	130.54	3.62	3.62	0.00
巨屿镇	1 027.06	0.64	0.00	0.00	0.00	0.00	1 003.15	97.67	2.52	95.15	23.91	2.33	2.33	0.00
南田镇	3 318.20	0.65	0.00	0.00	0.00	0.00	2 774.08	83.60	12.54	71.06	544.12	16.40	16.40	0.00
珊溪镇	2 246.58	0.69	0.00	0.00	0.00	0.00	2 240.83	99.74	47.80	51.94	5.75	0.26	0.26	0.00
西坑畲族镇	2 305.10	0.68	0.00	0.00	0.00	0.00	2 252.46	97.72	27.91	69.81	52.64	2.28	2.28	0.00
峃口镇	2 566.59	0.65	0.00	0.00	0.00	0.00	2 332.91	90.90	9.53	81.37	233.68	9.10	9.10	0.00
玉壶镇	3 409.21	0.67	0.00	0.00	0.00	0.00	3 351.90	98.32	23.35	74.97	57.31	1.68	1.68	0.00

（续表）

地区	面积（hm²）	平均地力指数	一等地 面积（hm²）	一等地占本镇（%）	一级地占本镇（%）	二级地占本镇（%）	二等地 面积（hm²）	二等地占本镇（%）	三级地占本镇（%）	四级地占本镇（%）	三等地 面积（hm²）	三等地占本镇（%）	五级地占本镇（%）	六级地占本镇（%）
周山畲族乡	451.67	0.64	0.00	0.00	0.00	0.00	451.53	99.97	0.64	99.33	0.15	0.03	0.03	0.00
永嘉县	39 004.33	0.72	3 680.88	9.44	0.00	9.44	33 068.05	84.78	56.52	28.26	2 255.40	5.78	5.64	0.14
碧莲镇	795.11	0.68	0.00	0.00	0.00	0.00	700.22	88.07	56.94	31.13	94.89	11.93	6.64	5.29
表山乡	406.21	0.73	0.00	0.00	0.00	0.00	404.37	99.55	89.45	10.10	1.85	0.45	0.45	0.00
大岙乡	645.74	0.71	0.00	0.00	0.00	0.00	645.74	100.00	46.86	53.14	0.00	0.00	0.00	0.00
大若岩镇	1 067.61	0.70	1.92	0.18	0.00	0.18	975.39	91.36	65.08	26.28	90.29	8.46	8.46	0.00
东皋乡	599.34	0.76	13.38	2.23	0.00	2.23	585.96	97.77	89.63	8.14	0.00	0.00	0.00	0.00
陡门乡	794.22	0.70	0.00	0.00	0.00	0.00	791.47	99.65	41.93	57.73	2.75	0.35	0.35	0.00
枫林镇	1 377.27	0.72	54.22	3.94	0.00	3.94	1 323.04	96.06	67.84	28.22	0.00	0.00	0.00	0.00
鹤盛乡	807.77	0.69	0.00	0.00	0.00	0.00	807.77	100.00	37.45	62.55	0.00	0.00	0.00	0.00
花坦乡	1 138.44	0.77	104.48	9.18	0.00	9.18	1 033.96	90.82	88.15	2.67	0.00	0.00	0.00	0.00
黄南乡	783.31	0.65	0.00	0.00	0.00	0.00	709.35	90.56	6.10	84.46	73.96	9.44	9.44	0.00
界坑乡	824.54	0.75	9.08	1.10	0.00	1.10	815.46	98.90	98.69	0.21	0.00	0.00	0.00	0.00
昆阳乡	1 362.96	0.58	0.00	0.00	0.00	0.00	323.08	23.70	6.17	17.54	1 039.88	76.30	75.43	0.86
鲤溪乡	872.15	0.73	0.00	0.00	0.00	0.00	847.34	97.16	88.34	8.82	24.81	2.84	2.84	0.00
岭头乡	1 458.33	0.64	0.00	0.00	0.00	0.00	1 301.03	89.21	0.29	88.92	157.29	10.79	10.79	0.00
茗岙乡	1 413.24	0.65	0.00	0.00	0.00	0.00	1 383.65	97.91	0.00	97.91	29.59	2.09	2.09	0.00
瓯北镇	1 795.00	0.80	931.33	51.88	0.00	51.88	863.67	48.12	48.12	0.00	0.00	0.00	0.00	0.00
潘坑乡	835.52	0.70	0.00	0.00	0.00	0.00	835.44	99.99	61.06	38.93	0.09	0.01	0.01	0.00
桥头镇	1 617.57	0.77	188.85	11.67	0.00	11.67	1 428.73	88.33	79.34	8.98	0.00	0.00	0.00	0.00
桥下镇	1 748.23	0.78	549.55	31.43	0.00	31.43	1 198.68	68.57	61.72	6.84	0.00	0.00	0.00	0.00
渠口乡	904.29	0.74	1.88	0.21	0.00	0.21	902.41	99.79	93.26	6.53	0.00	0.00	0.00	0.00
沙头镇	1 024.90	0.73	36.78	3.59	0.00	3.59	988.13	96.41	72.36	24.05	0.00	0.00	0.00	0.00

(续表)

地区	面积(hm²)	平均地力指数	一等地				二等地				三等地			
			面积(hm²)	一等地镇占本镇(%)	一级地占本镇(%)	二级地占本镇(%)	面积(hm²)	二等地镇占本镇(%)	三级地占本镇(%)	四级地占本镇(%)	面积(hm²)	三等地占本镇(%)	五级地占本镇(%)	六级地占本镇(%)
山坑乡	489.05	0.63	25.52	5.22	0.00	5.22	306.27	62.62	10.85	51.77	157.27	32.16	32.16	0.00
上塘镇	3 117.76	0.78	737.99	23.67	0.00	23.67	2 379.77	76.33	70.61	5.72	0.00	0.00	0.00	0.00
石染乡	633.13	0.71	11.59	1.83	0.00	1.83	621.54	98.17	64.36	33.81	0.00	0.00	0.00	0.00
乌牛镇	1 100.12	0.81	792.63	72.05	0.00	72.05	300.51	27.32	20.44	6.87	6.97	0.63	0.63	0.00
五尺乡	811.31	0.73	0.00	0.00	0.00	0.00	811.31	100.00	92.35	7.65	0.00	0.00	0.00	0.00
西岙乡	726.42	0.76	30.38	4.18	0.00	4.18	696.04	95.82	93.96	1.86	0.00	0.00	0.00	0.00
西溪乡	1 813.11	0.74	32.24	1.78	0.00	1.78	1 773.41	97.81	87.76	10.05	7.46	0.41	0.41	0.00
西源乡	593.11	0.66	0.00	0.00	0.00	0.00	541.06	91.22	18.05	73.17	52.05	8.78	8.78	0.00
溪口乡	773.99	0.72	0.00	0.00	0.00	0.00	773.99	100.00	79.49	20.51	0.00	0.00	0.00	0.00
溪下乡	755.17	0.78	158.70	21.02	0.00	21.02	596.46	78.98	78.98	0.00	0.00	0.00	0.00	0.00
下寮乡	548.77	0.69	0.00	0.00	0.00	0.00	410.03	74.72	63.83	10.89	138.75	25.28	25.28	0.00
徐岙乡	619.77	0.67	0.00	0.00	0.00	0.00	544.71	87.89	32.81	55.08	75.06	12.11	12.11	0.00
巽宅镇	1 085.31	0.68	0.34	0.03	0.00	0.03	992.32	91.43	41.51	49.92	92.64	8.54	8.54	0.00
岩坦镇	651.76	0.72	0.00	0.00	0.00	0.00	651.76	100.00	68.91	31.09	0.00	0.00	0.00	0.00
岩头镇	1 176.12	0.72	0.00	0.00	0.00	0.00	1 172.11	99.66	80.78	18.88	4.00	0.34	0.34	0.00
应坑乡	683.38	0.67	0.00	0.00	0.00	0.00	563.92	82.52	45.25	37.27	119.46	17.48	17.48	0.00
张溪乡	1 154.33	0.66	0.00	0.00	0.00	0.00	1 067.98	92.52	11.99	80.53	86.35	7.48	7.48	0.00
总计	242 418.73	0.72	57 825.35	23.85	1.79	22.07	163 428.64	67.42	33.27	34.14	21 164.73	8.73	8.43	0.30

文成县；其他县（市、区）的平均地力指数在 0.7~0.8。相应地，瓯海区的一等耕地比例也较高，达 56.46%，而泰顺县和文成县的一等耕地比例不足 1%，其中，文成县无一等地。除龙湾区和瓯海区外，其他县（市、区）的耕地主要为二等地，它们的二等地比例均在 50% 以上。除泰顺县和乐清市（三等地比例分别为 28.87% 和 17.76%），其他县（市、区）的三等地比例均在 10% 以下，其中，洞头县和龙湾区无三等地。

从总面积来看，一等地面积在 10 000hm² 以上的县（市、区）有瑞安市和苍南县，而洞头县、鹿城区、泰顺县和文成县的一等耕地面积不足 1 000hm²。二等地总面积最大的是永嘉县，有 33 068.05hm²；洞头县和龙湾区分布的二等地较少，面积不足 1 100hm²；鹿城区和瓯海区二等地的面积也较小，分别只有 3 909.13hm² 和 3 562.35hm²；其他县（市、区）的二等地面积在 10 000~30 000hm²。各县（市、区）三等地的面积普遍较少，除泰顺县和乐清市较高（分别为 7 331.00hm² 和 4 735.55hm²），其他均在 3 000hm² 以下，其中龙湾区和洞头县无三等地，鹿城区和瓯海区的三等地的面积不足 200hm²。

表 3-3 为温州市耕地分乡镇分级汇总表，从中可知，各乡镇不同等级的耕地构成有较大的差异，一般是平原乡镇的一等和二等耕地面积占比较高，而丘陵乡镇的三等耕地占比较高。

第三节　各级耕地土壤类型构成

表 3-4 至表 3-7 为温州市各级耕地的土类、亚类、土属和土种构成情况。温州市的耕地中，面积最大的土类为水稻土，为 121 722.88hm²，占全部耕地面积的 50.21%。其次为红壤，面积为 81 097.98hm²，占全部耕地面积的 33.45%。滨海盐土的面积最小，只有 1 476.91hm²，占全部耕地面积的 0.61%。其他土类的耕地面积占比在 2.50%~5.00%。

一等耕地主要由水稻土、红壤和潮土构成；二等耕地主要由水稻土和红壤构成；三等耕地也主要由红壤和水稻土构成。不同土类上的耕地地力有较大的差异。从平均地力指数来看，滨海盐土、潮土和水稻土和最高，平均分别为 0.81、0.79 和 0.75；黄壤和紫色土最低，平均分别为 0.65 和 0.64。

温州市的耕地中，面积在 30 000hm² 以上的亚类有黄红壤、脱潜水稻土、淹育水稻土、潴育水稻土，面积分别为 77 422.88hm²、41 468.40hm²、33 467.91hm² 和 30 503.82hm²，分别占全部耕地面积的 31.94%、17.11%、13.81% 和 12.58%。面积在 10 000~15 000hm² 的亚类有渗潜水稻土、酸性粗骨土和黄壤，面积分别为 13 178.19hm²、12 098.16hm² 和 10 173.85hm²，分别占全部耕地面积的 5.44%、4.99% 和 4.20%。不同亚类的耕地地力有较大的差异，地力指数在 0.64~0.83，多数亚类的地力指数在 0.70 以上。最高的为脱潜水稻土（0.83），最低的为酸性紫色土和黄壤（分别 0.64 为和 0.65），潮滩盐土和滨海盐土为较高，它们的平均地力指数均为 0.81。

耕地面积最大的 3 个土属为黄泥土、青紫塥黏田和黄泥田，它们均占全部耕地面积的 10% 以上，面积分别为 76 318.39hm²、41 404.47hm² 和 24 347.99hm²。黄泥砂土、石砂土和山黄泥土 3 个土属各占耕地总面积的 4%~5%，面积分别为 11 931.24hm²、11 896.24hm² 和 10 172.03hm²。不同土属的耕地地力有较大的差异，地力指数在 0.62~0.84。

耕地面积最大的土种为黄泥土和青紫塥黏田，其占全部耕地面积的 10% 以上，面积为 46 913.36hm² 和 37 384.97hm²。黄泥砂土、黄泥田、黄砾泥、石砂土和黄泥砂田等 5 个土种各占耕地总面积的 4%~8%，面积分别为 17 587.03hm²、14 943.89hm²、11 818.01hm²、11 806.44hm² 和 9 811.77hm²。不同土种之间的地力指数在 0.59~0.91 变化。

表 3-4 各级耕地的土类构成

土类	面积 (hm²)	占总面积 (%)	平均地力指数	一等地				二等地				三等地			
				面积 (hm²)	一等土占本土类 (%)	一级地占本土类 (%)	二级地占本土类 (%)	面积 (hm²)	二等土占本土类 (%)	三级地占本土类 (%)	四级地占本土类 (%)	面积 (hm²)	三等土占本土类 (%)	五级地占本土类 (%)	六级地占本土类 (%)
水稻土	121 722.88	50.21	0.75	44 036.12	36.18	2.76	33.42	69 430.79	57.04	34.48	22.56	8 255.97	6.78	6.46	0.33
红壤	81 097.98	33.45	0.69	7 441.16	9.18	0.96	8.21	64 821.19	79.93	34.35	45.58	8 835.64	10.90	10.48	0.42
潮土	9 031.65	3.73	0.79	4 956.19	54.88	1.96	52.91	3 933.04	43.55	31.65	11.90	142.41	1.58	1.58	0.00
滨海盐土	1 476.91	0.61	0.81	823.32	55.75	0.55	55.20	653.58	44.25	43.84	0.42	0.00	0.00	0.00	0.00
粗骨土	12 098.16	4.99	0.69	484.76	4.01	0.06	3.95	10 853.12	89.71	40.48	49.23	760.28	6.28	6.27	0.01
黄壤	10 173.85	4.20	0.65	33.18	0.33	0.00	0.33	8 439.83	82.96	17.27	65.69	1 700.84	16.72	16.72	0.00
紫色土	6 817.30	2.81	0.64	50.62	0.74	0.00	0.74	5 297.09	77.70	9.85	67.85	1 469.59	21.56	21.56	0.00
总计	242 418.73	100.00	0.72	57 825.35	23.85	1.79	22.07	163 428.64	67.42	33.27	34.14	21 164.73	8.73	8.43	0.30

表 3-5 各级耕地的土壤亚类构成

亚类	面积 (hm²)	占总面积 (%)	平均地力指数	一等地				二等地				三等地			
				面积 (hm²)	一等土亚占本土类 (%)	一级地亚占本土类 (%)	二级地亚占本土类 (%)	面积 (hm²)	二等土亚占本土类 (%)	三级地亚占本土类 (%)	四级地亚占本土类 (%)	面积 (hm²)	三等土亚占本土类 (%)	五级地亚占本土类 (%)	六级地亚占本土类 (%)
渗育水稻土	13 178.19	5.44	0.77	5 586.90	42.40	1.18	41.21	7 391.89	56.09	41.00	15.09	199.39	1.51	1.51	0.00
潴育水稻土	30 503.82	12.58	0.72	5 732.67	18.79	0.23	18.57	22 350.43	73.27	42.80	30.47	2 420.72	7.94	7.90	0.04
潜育水稻土	3 104.56	1.28	0.67	187.91	6.05	0.99	5.06	2 567.73	82.71	19.95	62.76	348.91	11.24	11.24	0.00
淹育水稻土	33 467.91	13.81	0.68	1 947.04	5.82	0.53	5.29	26 233.93	78.39	36.79	41.60	5 286.95	15.80	14.64	1.16
脱潜潴育水稻土	41 468.40	17.11	0.83	30 581.59	73.75	7.06	66.69	10 886.81	26.25	25.52	0.73	0.00	0.00	0.00	0.00
黄红壤	77 422.88	31.94	0.69	6 464.48	8.35	0.90	7.45	62 210.50	80.35	34.13	46.22	8 747.90	11.30	10.86	0.44
红壤性土	41.00	0.02	0.73	8.18	19.94	4.12	15.82	32.83	80.06	43.09	36.97	0.00	0.00	0.00	0.00
灰潮土	9 031.65	3.73	0.79	4 956.19	54.88	1.96	52.91	3 933.04	43.55	31.65	11.90	142.41	1.58	1.58	0.00
红壤	3 634.10	1.50	0.74	968.50	26.65	2.37	24.28	2 577.86	70.94	38.98	31.95	87.74	2.41	2.41	0.00
黄壤	10 173.85	4.20	0.65	33.18	0.33	0.00	0.33	8 439.83	82.96	17.27	65.69	1 700.84	16.72	16.72	0.00
滨海盐土	1 425.27	0.59	0.81	783.36	54.96	0.57	54.39	641.91	45.04	44.60	0.43	0.00	0.00	0.00	0.00

（续表）

亚类	面积（hm²）	占总面积（%）	平均地力指数	一等地 面积（hm²）	一等地亚类占本类（%）	一级地亚类占本类（%）	二级地亚类占本类（%）	二等地 面积（hm²）	二等地亚类占本类（%）	三级地亚类占本类（%）	四级地占本类（%）	三等地 面积（hm²）	三等地亚类占本类（%）	五级地占本类（%）	六级地占本类（%）
潮滩盐土	51.64	0.02	0.81	39.97	77.40	0.00	77.40	11.67	22.60	22.60	0.00	0.00	0.00	0.00	0.00
酸性粗骨土	12 098.16	4.99	0.69	484.76	4.01	0.06	3.95	10 853.12	89.71	40.48	49.23	760.28	6.28	6.27	0.01
酸性紫色土	6 817.30	2.81	0.64	50.62	0.74	0.00	0.74	5 297.09	77.70	9.85	67.85	1 469.59	21.56	21.56	0.00
总计	242 418.73	100.00	0.72	57 825.35	23.85	1.79	22.07	163 428.64	67.42	33.27	34.14	21 164.73	8.73	8.43	0.30

表 3-6　各级耕地的土属构成

土属	面积（hm²）	占总面积（%）	平均地力指数	一等地 面积（hm²）	一等地土占本土（%）	一级地土占本土（%）	二级地土占本土（%）	二等地 面积（hm²）	二等地土占本土（%）	三级地土占本土（%）	四级地土占本土（%）	三等地 面积（hm²）	三等地土占本土（%）	五级地土占本土（%）	六级地土占本土（%）
白岩砂土	201.92	0.08	0.68	12.08	5.98	0.00	5.98	151.65	75.10	43.19	31.92	38.19	18.91	18.91	0.00
滨海砂田	27.84	0.01	0.84	20.99	75.39	0.00	75.39	6.85	24.61	24.61	0.00	0.00	0.00	0.00	0.00
淡涂泥	4 537.80	1.87	0.83	3 838.45	84.59	1.56	83.02	699.35	15.41	15.41	0.00	0.00	0.00	0.00	0.00
淡涂泥田	6 002.45	2.48	0.83	5 038.06	83.93	2.54	81.39	964.39	16.07	15.15	0.92	0.00	0.00	0.00	0.00
粉泥田	994.14	0.41	0.79	288.19	28.99	0.00	28.99	705.96	71.01	70.05	0.96	0.00	0.00	0.00	0.00
红粉泥土	41.00	0.02	0.73	8.18	19.94	4.12	15.82	32.83	80.06	43.09	36.97	0.00	0.00	0.00	0.00
红泥田	270.74	0.11	0.64	5.56	2.05	0.00	2.05	240.30	88.76	2.35	86.40	24.88	9.19	9.19	0.00
红泥土	2 881.96	1.19	0.75	881.73	30.59	1.18	29.42	1921.30	66.67	44.87	21.80	78.93	2.74	2.74	0.00
红黏泥	512.40	0.21	0.66	1.01	0.20	0.00	0.20	505.94	98.74	17.20	81.54	5.45	1.06	1.06	0.00
洪积泥砂田	9 364.73	3.86	0.71	768.14	8.20	0.66	7.54	7671.30	81.92	53.21	28.71	925.29	9.88	9.83	0.05
洪积泥砂土	887.71	0.37	0.76	289.15	32.57	3.05	29.52	565.68	63.72	45.77	17.95	32.88	3.70	3.70	0.00
湖成白土田	21.43	0.01	0.73	2.01	9.40	9.40	0.00	19.41	90.60	67.54	23.06	0.00	0.00	0.00	0.00
黄斑青紫黏田	63.93	0.03	0.84	63.93	100.00	0.00	100.00	0.00	0.00	0.00	0.00	0.00	0.00	0.00	0.00
黄红泥土	189.87	0.08	0.65	0.00	0.00	0.00	0.00	152.64	80.39	15.76	64.63	37.22	19.61	19.61	0.00
黄泥砂田	11 931.24	4.92	0.69	658.10	5.52	0.06	5.46	9 857.76	82.62	38.48	44.14	1 415.37	11.86	11.81	0.06

（续表）

土属	面积（hm²）	占总面积（%）	平均地力指数	一等地 面积（hm²）	一等地占本土属（%）	一级地占本土属（%）	二级地占本土属（%）	二等地 面积（hm²）	二等地占本土属（%）	三级地占本土属（%）	四级地占本土属（%）	三等地 面积（hm²）	三等地占本土属（%）	五级地占本土属（%）	六级地占本土属（%）
黄泥田	24 347.99	10.04	0.66	466.41	1.92	0.01	1.91	19 005.53	78.06	29.43	48.63	4 876.05	20.03	18.44	1.59
黄泥土	76 318.39	31.48	0.69	6 340.55	8.31	0.91	7.40	61 401.81	80.45	34.31	46.14	8 576.03	11.24	10.79	0.44
黄黏泥	119.75	0.05	0.62	0.00	0.00	0.00	0.00	92.79	77.49	0.63	76.86	26.95	22.51	22.51	0.00
江粉泥田	4 352.23	1.80	0.74	725.20	16.66	3.20	13.46	3 546.71	81.49	63.24	18.25	80.32	1.85	1.85	0.00
江涂泥	1 724.52	0.71	0.78	773.86	44.87	4.60	40.28	950.66	55.13	45.53	9.59	0.00	0.00	0.00	0.00
江涂泥田	2 977.24	1.23	0.76	698.64	23.47	1.20	22.26	2 278.60	76.53	70.07	6.46	0.00	0.00	0.00	0.00
烂浸田	2 894.15	1.19	0.66	122.10	4.22	0.04	4.17	2 428.02	83.89	17.38	66.51	344.03	11.89	11.89	0.00
烂泥田	199.01	0.08	0.78	65.81	33.07	14.80	18.27	133.20	66.93	58.39	8.55	0.00	0.00	0.00	0.00
烂青紫泥田	11.39	0.00	0.59	0.00	0.00	0.00	0.00	6.51	57.13	0.00	57.13	4.88	42.87	42.87	0.00
老涂涂泥田	6 376.15	2.63	0.81	3 812.70	59.80	0.00	59.80	2 563.45	40.20	40.03	0.17	0.00	0.00	0.00	0.00
老黄筋泥田	208.18	0.09	0.67	0.00	0.00	0.00	0.00	208.18	100.00	11.68	88.32	0.00	0.00	0.00	0.00
泥砂田	2 871.78	1.18	0.72	150.82	5.25	0.03	5.22	2 646.92	92.17	66.53	25.64	74.03	2.58	2.58	0.00
泥砂土	12.31	0.01	0.70	0.00	0.00	0.00	0.00	11.47	93.20	50.98	42.21	0.84	6.80	6.80	0.00
培泥砂田	4 282.53	1.77	0.72	396.00	9.25	0.00	9.25	3 761.17	87.83	59.97	27.85	125.36	2.93	2.93	0.00
培泥砂土	1 219.89	0.50	0.70	33.01	2.71	0.00	2.71	1 168.70	95.80	48.69	47.12	18.17	1.49	1.49	0.00
青紫塥黏黏田	41 404.47	17.08	0.83	30 517.66	73.71	7.07	66.64	10 886.81	26.29	25.56	0.73	0.00	0.00	0.00	0.00
清水砂	639.16	0.26	0.70	11.46	1.79	0.00	1.79	537.18	84.04	57.51	26.54	90.52	14.16	14.16	0.00
砂岗泥土	10.25	0.00	0.84	10.25	100.00	0.00	100.00	0.00	0.00	0.00	0.00	0.00	0.00	0.00	0.00
砂黏质红泥	239.74	0.10	0.74	85.75	35.77	21.75	14.02	150.63	62.83	14.74	48.09	3.36	1.40	1.40	0.00
砂黏质黄泥	794.87	0.33	0.69	123.94	15.59	0.00	15.59	563.25	70.86	25.82	45.04	107.69	13.55	13.55	0.00
山黄泥土	10 172.03	4.20	0.65	33.18	0.33	0.00	0.33	8 438.02	82.95	17.27	65.68	1 700.84	16.72	16.72	0.00
山黄黏泥	1.82	0.00	0.63	0.00	0.00	0.00	0.00	1.82	100.00	0.00	100.00	0.00	0.00	0.00	0.00
石砂土	11 896.24	4.91	0.69	472.68	3.97	0.06	3.92	10 701.47	89.96	40.43	49.53	722.09	6.07	6.06	0.01
酸性紫泥田	1 469.93	0.61	0.65	12.23	0.83	0.00	0.83	1 152.00	78.37	19.78	58.59	305.70	20.80	20.80	0.00
酸性紫砂土	6 817.30	2.81	0.64	50.62	0.74	0.00	0.74	5 297.09	77.70	9.85	67.85	1 469.59	21.56	21.56	0.00
滩涂泥	51.64	0.02	0.81	39.97	77.40	0.00	77.40	11.67	22.60	22.60	0.00	0.00	0.00	0.00	0.00

（续表）

土属	面积 (hm²)	占总面积 (%)	平均地力指数	一等地				二等地				三等地			
				面积 (hm²)	一等地占土属(%)	一级地占土属(%)	二级地占土属(%)	面积 (hm²)	二等地占土属(%)	三级地占土属(%)	四级地占土属(%)	面积 (hm²)	三等地占土属(%)	五级地占土属(%)	六级地占土属(%)
涂泥	166.10	0.07	0.82	105.12	63.29	0.00	63.29	60.98	36.71	36.71	0.00	0.00	0.00	0.00	0.00
涂泥田	21.94	0.01	0.81	18.01	82.06	0.00	82.06	3.94	17.94	15.52	2.43	0.00	0.00	0.00	0.00
咸泥	1 259.17	0.52	0.80	678.24	53.86	0.65	53.22	580.93	46.14	45.65	0.49	0.00	0.00	0.00	0.00
硬泥田	208.84	0.09	0.85	205.55	98.42	0.00	98.42	3.29	1.58	1.58	0.00	0.00	0.00	0.00	0.00
紫泥砂田	1 420.54	0.59	0.66	0.00	0.00	0.00	0.00	1 340.48	94.36	14.39	79.98	80.06	5.64	5.64	0.00
总计	242 418.73	100.00	0.72	57 825.35	23.85	1.79	22.07	163 428.64	67.42	33.27	34.14	21 164.73	8.73	8.43	0.30

表3-7 各级耕地的土种构成

土种	面积 (hm²)	占总面积 (%)	平均地力指数	一等地				二等地				三等地			
				面积 (hm²)	一等地占土种(%)	一级地占土种(%)	二级地占土种(%)	面积 (hm²)	二等地占土种(%)	三级地占土种(%)	四级地占土种(%)	面积 (hm²)	三等地占土种(%)	五级地占土种(%)	六级地占土种(%)
白瓷泥田	91.59	0.04	0.62	0.00	0.00	0.00	0.00	81.37	88.84	0.00	88.84	10.22	11.16	11.16	0.00
白砂田	885.24	0.37	0.65	0.00	0.00	0.00	0.00	778.58	87.95	18.81	69.15	106.66	12.05	12.05	0.00
白土田	21.43	0.01	0.73	2.01	9.40	9.40	0.00	19.41	90.60	67.54	23.06	0.00	0.00	0.00	0.00
白心黄泥砂田	7.75	0.00	0.66	0.00	0.00	0.00	0.00	7.75	100.00	24.56	75.44	0.00	0.00	0.00	0.00
白心烂黄泥砂田	112.03	0.05	0.62	0.00	0.00	0.00	0.00	84.52	75.44	3.34	72.10	27.52	24.56	24.56	0.00
白岩砂土	201.92	0.08	0.68	12.08	5.98	5.98	0.00	151.65	75.10	43.19	31.92	38.19	18.91	18.91	0.00
淡涂泥	3 598.43	1.48	0.83	3 042.16	84.54	83.34	1.20	556.27	15.46	15.46	0.00	0.00	0.00	0.00	0.00
淡涂泥田	5 220.18	2.15	0.83	4 552.58	87.21	85.16	2.05	667.60	12.79	12.67	0.12	0.00	0.00	0.00	0.00
淡涂砂	0.48	0.00	0.83	0.48	100.00	100.00	0.00	0.00	0.00	0.00	0.00	0.00	0.00	0.00	0.00
淡涂黏	938.89	0.39	0.83	795.82	84.76	81.79	2.97	143.07	15.24	15.24	0.00	0.00	0.00	0.00	0.00
淡涂黏田	745.99	0.31	0.81	452.73	60.69	58.80	1.89	293.25	39.31	32.75	6.56	0.00	0.00	0.00	0.00
粉泥田	994.14	0.41	0.79	288.19	28.99	28.99	0.00	705.96	71.01	70.05	0.96	0.00	0.00	0.00	0.00
红粉泥土	4.83	0.00	0.78	2.36	48.82	48.82	0.00	2.47	51.18	22.22	28.96	0.00	0.00	0.00	0.00

（续表）

土种	面积(hm²)	占总面积(%)	平均地力指数	一等地 面积(hm²)	一等地占本土种(%)	一级地占本土种(%)	二级地占本土种(%)	二等地 面积(hm²)	二等地占本土种(%)	三级地占本土种(%)	四级地占本土种(%)	三等地 面积(hm²)	三等地占本土种(%)	五级地占本土种(%)	六级地占本土种(%)
红砾泥	85.14	0.04	0.72	14.87	17.47	0.00	17.47	70.27	82.53	36.73	45.80	0.00	0.00	0.00	0.00
红泥砂土	1 899.43	0.78	0.77	690.30	36.34	1.76	34.58	1 181.56	62.21	46.25	15.96	27.57	1.45	1.45	0.00
红泥田	118.76	0.05	0.63	5.56	4.68	0.00	4.68	88.32	74.37	0.00	74.37	24.88	20.95	20.95	0.00
红泥土	897.39	0.37	0.72	176.56	19.68	0.05	19.63	669.47	74.60	42.73	31.87	51.36	5.72	5.72	0.00
红黏泥	512.40	0.21	0.66	1.01	0.20	0.00	0.20	505.94	98.74	17.20	81.54	5.45	1.06	1.06	0.00
红黏田	151.98	0.06	0.66	0.00	0.00	0.00	0.00	151.98	100.00	4.19	95.81	0.00	0.00	0.00	0.00
洪积泥砂田	9 130.72	3.77	0.71	745.86	8.17	0.68	7.49	7 459.86	81.70	52.80	28.90	925.00	10.13	10.08	0.05
洪积泥砂土	887.71	0.37	0.76	289.15	32.57	3.05	29.52	565.68	63.72	45.77	17.95	32.88	3.70	3.70	0.00
黄斑青紫隔黏田	63.93	0.03	0.84	63.93	100.00	0.00	100.00	0.00	0.00	0.00	0.00	0.00	0.00	0.00	0.00
黄大泥田	645.78	0.27	0.65	0.00	0.00	0.00	0.00	625.81	96.91	11.89	85.02	19.97	3.09	3.09	0.00
黄粉泥田	979.20	0.40	0.65	7.77	0.79	0.00	0.79	811.09	82.83	23.33	59.50	160.35	16.38	16.17	0.20
黄红泥土	189.87	0.08	0.65	0.00	0.00	0.00	0.00	152.64	80.39	15.76	64.63	37.22	19.61	19.61	0.00
黄砾泥	11 818.01	4.88	0.71	1 180.78	9.99	1.39	8.60	10 262.78	86.84	45.28	41.56	374.45	3.17	3.16	0.01
黄泥砂田	9 811.77	4.05	0.69	637.76	6.50	0.05	6.45	7 970.96	81.24	42.34	38.90	1 203.05	12.26	12.21	0.05
黄泥砂土	17 587.03	7.25	0.69	1 820.91	10.35	2.35	8.00	14 268.38	81.13	29.03	52.11	1 497.74	8.52	8.26	0.25
黄泥田	14 943.89	6.16	0.64	272.62	1.82	0.00	1.82	10 967.87	73.39	20.37	53.02	3 703.39	24.78	22.82	1.96
黄泥土	46 913.36	19.35	0.68	3 338.86	7.12	0.25	6.87	36 870.65	78.59	33.53	45.06	6 703.84	14.29	13.66	0.63
黄黏泥	119.75	0.05	0.62	0.00	0.00	0.00	0.00	92.79	77.49	0.63	76.86	26.95	22.51	22.51	0.00
黄黏田	51.13	0.02	0.60	0.00	0.00	0.00	0.00	28.04	54.84	0.00	54.84	23.09	45.16	45.16	0.00
江粉泥田	4 161.80	1.72	0.74	717.53	17.24	3.35	13.90	3 363.95	80.83	62.45	18.38	80.32	1.93	1.93	0.00
江涂泥	1 176.56	0.49	0.81	704.36	59.87	6.33	53.54	472.20	40.13	34.65	5.48	0.00	0.00	0.00	0.00
江涂泥田	1 806.87	0.75	0.76	454.44	25.15	1.53	23.62	1 352.43	74.85	67.23	7.61	0.00	0.00	0.00	0.00
江涂砂	547.97	0.23	0.74	69.51	12.68	0.88	11.81	478.46	87.32	68.89	18.42	0.00	0.00	0.00	0.00
江涂砂田	628.59	0.26	0.76	115.91	18.44	0.00	18.44	512.68	81.56	73.97	7.59	0.00	0.00	0.00	0.00

（续表）

土种	面积（hm²）	占总面积（%）	平均地力指数	一等地 面积（hm²）	一等地占本土种（%）	一级地占本土种（%）	二级地占本土种（%）	二等地 面积（hm²）	二等地占本土种（%）	三级地占本土种（%）	四级地占本土种（%）	三等地 面积（hm²）	三等地占本土种（%）	五级地占本土种（%）	六级地占本土种（%）
焦砾塥洪积泥砂田	234.01	0.10	0.74	22.28	9.52	0.00	9.52	211.45	90.36	69.06	21.29	0.29	0.12	0.12	0.00
焦砾塥黄泥砂田	69.01	0.03	0.72	2.88	4.18	0.00	4.18	61.52	89.14	64.93	24.21	4.61	6.68	6.68	0.00
焦砾塥黄泥田	277.34	0.11	0.70	0.42	0.15	0.00	0.15	267.96	96.62	43.94	52.68	8.97	3.23	3.23	0.00
烂黄泥砂田	235.41	0.10	0.68	7.89	3.35	0.00	3.35	200.26	85.07	39.51	45.56	27.26	11.58	11.58	0.00
烂灰田	986.72	0.41	0.66	0.00	0.00	0.00	0.00	899.92	91.20	16.37	74.83	86.81	8.80	8.80	0.00
烂浸田	1 408.55	0.58	0.66	85.68	6.08	0.08	6.00	1 135.35	80.60	13.96	66.64	187.52	13.31	13.31	0.00
烂泥田	199.01	0.08	0.78	65.81	33.07	14.80	18.27	133.20	66.93	58.39	8.55	0.00	0.00	0.00	0.00
烂青紫泥田	11.39	0.00	0.59	0.00	0.00	0.00	0.00	6.51	57.13	0.00	57.13	4.88	42.87	42.87	0.00
烂滃田	151.43	0.06	0.71	28.53	18.84	0.09	18.74	107.98	71.31	31.82	39.49	14.92	9.86	9.86	0.00
老滃涂黏田	6 376.15	2.63	0.81	3 812.70	59.80	0.00	59.80	2 563.45	40.20	40.03	0.17	0.00	0.00	0.00	0.00
老黄筋泥田	208.18	0.09	0.67	0.00	0.00	0.00	0.00	208.18	100.00	11.68	88.32	0.00	0.00	0.00	0.00
卵石清水砂	375.27	0.15	0.67	0.00	0.00	0.00	0.00	284.74	75.88	47.16	28.71	90.52	24.12	24.12	0.00
泥砂田	2 803.46	1.16	0.72	150.82	5.38	0.03	5.35	2 579.17	92.00	66.56	25.44	73.47	2.62	2.62	0.00
泥砂头青紫塥黏田	3 671.07	1.51	0.80	1 816.27	49.48	0.43	49.05	1 854.79	50.52	47.70	2.83	0.00	0.00	0.00	0.00
泥砂土	12.31	0.01	0.70	0.00	0.00	0.00	0.00	11.47	93.20	50.98	42.21	0.84	6.80	6.80	0.00
泥炭心黄泥砂田	57.31	0.02	0.66	0.00	0.00	0.00	0.00	57.31	100.00	1.08	98.92	0.00	0.00	0.00	0.00
泥炭心江粉	190.43	0.08	0.74	7.66	4.02	0.00	4.02	182.76	95.98	80.61	15.36	0.00	0.00	0.00	0.00
泥炭心青紫塥黏田	348.44	0.14	0.81	179.43	51.49	0.00	51.49	169.01	48.51	48.26	0.24	0.00	0.00	0.00	0.00
塔泥砂田	3 745.69	1.55	0.72	355.52	9.49	0.00	9.49	3 264.81	87.16	57.62	29.54	125.36	3.35	3.35	0.00
塔泥砂土	1 219.89	0.50	0.70	33.01	2.71	0.00	2.71	1 168.70	95.80	48.69	47.12	18.17	1.49	1.49	0.00
青塥淡涂黏田	32.75	0.01	0.91	32.75	100.00	96.28	3.72	0.00	0.00	0.00	0.00	0.00	0.00	0.00	0.00

(续表)

土种	面积(hm²)	占总面积(%)	平均地力指数	一等地 面积(hm²)	一等地占本土种(%)	一级地占本土种(%)	二级地占本土种(%)	二等地 面积(hm²)	二等地占本土种(%)	三级地占本土种(%)	四级地占本土种(%)	三等地 面积(hm²)	三等地占本土种(%)	五级地占本土种(%)	六级地占本土种(%)
青塥泥砂田	68.32	0.03	0.71	0.00	0.00	0.00	0.00	67.75	99.18	65.25	33.93	0.56	0.82	0.82	0.00
青心黄泥砂田	63.61	0.03	0.74	9.69	15.23	3.12	12.11	53.92	84.77	50.87	33.90	0.00	0.00	0.00	0.00
青心培泥砂田	393.57	0.16	0.74	25.77	6.55	0.00	6.55	367.79	93.45	73.58	19.87	0.00	0.00	0.00	0.00
青紫塥黏田	37 384.97	15.42	0.84	28 521.96	76.29	7.79	68.51	8 863.00	23.71	23.18	0.53	0.00	0.00	0.00	0.00
轻咸泥	76.68	0.03	0.83	69.94	91.21	0.00	91.21	6.74	8.79	8.79	0.00	0.00	0.00	0.00	0.00
轻咸黏	172.68	0.07	0.83	130.62	75.65	0.00	75.65	42.05	24.35	23.72	0.63	0.00	0.00	0.00	0.00
清水砂	263.89	0.11	0.73	11.46	4.34	0.00	4.34	252.43	95.66	72.21	23.44	0.00	0.00	0.00	0.00
砂岗砂田	27.84	0.01	0.84	20.99	75.39	0.00	75.39	6.85	24.61	24.61	0.00	0.00	0.00	0.00	0.00
砂岗砂土	10.25	0.00	0.84	10.25	100.00	0.00	100.00	0.00	0.00	0.00	0.00	0.00	0.00	0.00	0.00
砂胶淡涂黏田	3.53	0.00	0.71	0.00	0.00	0.00	0.00	3.53	100.00	100.00	0.00	0.00	0.00	0.00	0.00
砂田	143.27	0.06	0.75	14.71	10.27	0.00	10.27	128.56	89.73	84.02	5.71	0.00	0.00	0.00	0.00
砂性黄泥田	6 599.23	2.72	0.69	158.81	2.41	0.02	2.38	5 635.99	85.40	51.65	33.76	804.43	12.19	11.01	1.18
砂性山黄泥田	9.84	0.00	0.71	0.00	0.00	0.00	0.00	9.84	100.00	100.00	0.00	0.00	0.00	0.00	0.00
砂黏质红泥	239.74	0.10	0.74	85.75	35.77	21.75	14.02	150.63	62.83	14.74	48.09	3.36	1.40	1.40	0.00
砂黏质黄泥	794.87	0.33	0.69	123.94	15.59	0.00	15.59	563.25	70.86	25.82	45.04	107.69	13.55	13.55	0.00
山黄砾泥	150.70	0.06	0.68	0.00	0.00	0.00	0.00	149.69	99.33	41.32	58.01	1.01	0.67	0.67	0.00
山黄泥砂田	296.81	0.12	0.65	0.00	0.00	0.00	0.00	269.42	90.77	17.43	73.34	27.39	9.23	9.23	0.00
山黄泥砂土	1 847.41	0.76	0.66	10.48	0.57	0.00	0.57	1 587.08	85.91	28.63	57.28	249.86	13.52	13.52	0.00
山黄泥田	1 466.47	0.60	0.66	34.57	2.36	0.00	2.36	1 213.17	82.73	27.48	55.25	218.73	14.92	13.81	1.10
山黄泥土	8 017.84	3.31	0.64	19.84	0.25	0.00	0.25	6 548.22	81.67	13.66	68.01	1 449.78	18.08	18.08	0.00
山黄黏泥	1.82	0.00	0.63	0.00	0.00	0.00	0.00	1.82	100.00	0.00	100.00	0.00	0.00	0.00	0.00
山黄黏田	23.25	0.01	0.69	0.00	0.00	0.00	0.00	22.70	97.63	50.73	46.89	0.55	2.37	2.37	0.00
山香灰土	156.07	0.06	0.70	2.86	1.83	0.00	1.83	153.03	98.05	44.97	53.08	0.18	0.12	0.12	0.00
石砂土	11 806.44	4.87	0.69	468.84	3.97	0.06	3.91	10 646.45	90.17	40.74	49.44	691.16	5.85	5.84	0.01
酸性紫泥田	1 269.29	0.52	0.63	12.23	0.96	0.00	0.96	976.87	76.96	10.30	66.66	280.19	22.07	22.07	0.00
酸性紫泥土	5 699.11	2.35	0.63	50.62	0.89	0.00	0.89	4 330.76	75.99	7.09	68.90	1 317.73	23.12	23.12	0.00

（续表）

土种	面积(hm²)	占总面积(%)	平均地力指数	一等地				二等地				三等地			
				面积(hm²)	一等地占本土(%)	一级地占本土(%)	二级地占本土(%)	面积(hm²)	二等地占本土(%)	三级地占本土(%)	四级地占本土(%)	面积(hm²)	三等地占本土(%)	五级地占本土(%)	六级地占本土(%)
酸性紫砂土	1 118.19	0.46	0.66	0.00	0.00	0.00	0.00	966.33	86.42	23.90	62.52	151.86	13.58	13.58	0.00
涂泥	75.12	0.03	0.85	57.86	77.03	0.00	77.03	17.26	22.97	22.97	0.00	0.00	0.00	0.00	0.00
涂黏	90.98	0.04	0.80	47.25	51.94	0.00	51.94	43.72	48.06	48.06	0.00	0.00	0.00	0.00	0.00
涂黏田	21.94	0.01	0.81	18.01	82.06	0.00	82.06	3.94	17.94	15.52	2.43	0.00	0.00	0.00	0.00
脱钙江涂泥田	541.78	0.22	0.76	128.29	23.68	1.51	22.17	413.49	76.32	75.00	1.32	0.00	0.00	0.00	0.00
乌石砂土	89.80	0.04	0.63	3.84	4.28	0.00	4.28	55.02	61.27	0.00	61.27	30.93	34.45	34.45	0.00
硬泥田	208.84	0.09	0.85	205.55	98.42	0.00	98.42	3.29	1.58	1.58	0.00	0.00	0.00	0.00	0.00
黏涂	51.64	0.02	0.81	39.97	77.40	0.00	77.40	11.67	22.60	22.60	0.00	0.00	0.00	0.00	0.00
中咸黏	658.85	0.27	0.80	343.58	52.15	1.23	50.92	315.27	47.85	47.12	0.73	0.00	0.00	0.00	0.00
重咸黏	350.96	0.14	0.78	134.10	38.21	0.00	38.21	216.86	61.79	61.72	0.07	0.00	0.00	0.00	0.00
紫大泥田	616.57	0.25	0.67	0.00	0.00	0.00	0.00	598.74	97.11	19.46	77.65	17.83	2.89	2.89	0.00
紫粉泥田	200.64	0.08	0.72	0.00	0.00	0.00	0.00	175.13	87.29	79.77	7.52	25.51	12.71	12.71	0.00
紫粉泥土	36.18	0.01	0.72	5.82	16.09	4.67	11.42	30.36	83.91	45.88	38.03	0.00	0.00	0.00	0.00
紫泥砂田	803.97	0.33	0.65	0.00	0.00	0.00	0.00	741.74	92.26	10.50	81.76	62.23	7.74	7.74	0.00
总计	242 418.73	100.00	0.72	57 825.35	23.85	1.79	22.07	163 428.64	67.42	33.27	34.14	21 164.73	8.73	8.43	0.30

第四节　不同地貌区耕地地力分布规律

除高山外，其他地貌类型中都有耕地分布（表3-8）。其中以高丘、河谷平原和水网平原的分布面积最大，面积分别为 67 793.61hm²、55 475.19hm² 和 50 962.56hm²，占耕地总面积的 27.97%、22.88% 和 21.02%。滨海平原、水网平原、河谷平原和河谷平原大畈的总面积占温州市耕地总面积的近 53.60%。可见，温州市耕地主要分布在平原地区，总体上立地条件较为优越。在各类地貌类型中，地力指数以水网平原最高，平均为 0.84；其次是滨海平原，平均为 0.80；河谷平原大畈和低丘大畈地力指数也较高，平均分别为 0.73 和 0.78。水网平原和滨海平原的耕地主要为一等地，其他地貌类型区的耕地主要属二等地。低山和高丘的三等耕地占比较高，分别为 24.87% 和 21.60%，其他地貌中耕地比例均较小。其中，水网平原和滨海平原及河谷平原大畈无三等地，河谷平原的三等地占比只有 0.28%。

温州市耕地在不同坡度区域都有分布（表3-9），以坡度≤3°的面积最大、占比最高，分别为 86 804.18hm² 和 35.81%；坡度为 6°～10° 和 10°～15° 的耕地面积也较大，分别为 52 852.61hm² 和 65 948.17hm²，分别占耕地总面积的 21.80% 和 27.20%，坡度 15°～25° 的区域仍有较大面积的耕地分布，面积为 25 462.63hm²，占耕地总面积的 10.50%。可见，温州市耕地分布区的坡度较大。地力指数随坡度增加呈现下降趋势，在坡度≤3°的区域地力指数为 0.80，但坡度 6°以上的区域地力指数为 0.70 以下。坡度≤3°的区域主要为一等地，其次为二等地，三等地的占比很低；坡度 3°～6°的区域主要为二等地，其次为一等地，三等地的占比较低；其他坡度区的耕地主要为二等地，其次为三等地，一等地的占比较低。总体上，一等地集中分布在坡度≤3°区域，随着坡度的增加三等地的比例有逐渐增加的趋势。

表 3-8　不同地貌类型区各级耕地的构成

地貌类型	面积(hm²)	占总面积(%)	平均地力指数	一等地 面积(hm²)	一等地占本貌(%)	一级地占本貌(%)	二级地占本貌(%)	二等地 面积(hm²)	二等地占本貌(%)	三级地占本貌(%)	四级地占本貌(%)	三等地 面积(hm²)	三等地占本貌(%)	五级地占本貌(%)	六级地占本貌(%)
滨海平原	20 229.34	8.34	0.80	13 434.31	66.41	0.02	66.39	6 795.03	33.59	29.01	4.58	0.00	0.00	0.00	0.00
低丘	36 609.13	15.10	0.67	988.58	2.70	0.00	2.70	30 685.10	83.82	31.16	52.66	4 935.45	13.48	13.23	0.26
低山	2 852.53	1.18	0.64	84.21	2.95	0.00	2.95	2 059.02	72.18	10.24	61.95	709.30	24.87	24.87	0.00
高丘	67 793.61	27.97	0.63	63.97	0.09	0.00	0.09	53 084.30	78.30	9.68	68.63	14 645.33	21.60	20.66	0.94
高山	112.96	0.05	0.66	0.00	0.00	0.00	0.00	95.52	84.56	38.93	45.63	17.44	15.44	10.44	5.00
河谷平原	55 475.19	22.88	0.73	2 399.57	4.33	0.00	4.33	52 921.25	95.40	77.21	18.19	154.38	0.28	0.28	0.00
河谷平原大畈	3 297.11	1.36	0.78	817.85	24.81	8.49	24.81	2 479.26	75.19	72.23	2.97	0.00	0.00	0.00	0.00
水网平原	50 962.56	21.02	0.84	40 036.86	78.56	0.00	70.07	10 923.86	21.44	20.92	0.52	1.83	0.00	0.00	0.00
中山	5 086.29	2.10	0.64	0.00	0.00	0.00	0.00	4 385.30	86.22	12.11	74.11	700.99	13.78	13.78	0.00
总计	242 418.73	100.00	0.72	57 825.35	23.85	1.79	22.07	163 428.64	67.42	33.27	34.14	21 164.73	8.73	8.43	0.30

表 3-9　不同地表坡度分区各级耕地的构成

坡度(°)	面积(hm²)	占总面积(%)	平均地力指数	一等地 面积(hm²)	一等地占本坡度(%)	一级地占本坡度(%)	二级地占本坡度(%)	二等地 面积(hm²)	二等地占本坡度(%)	三级地占本坡度(%)	四级地占本坡度(%)	三等地 面积(hm²)	三等地占本坡度(%)	五级地占本坡度(%)	六级地占本坡度(%)
≤3	86 804.18	35.81	0.80	48 325.97	55.67	4.13	51.54	37 767.29	43.51	36.54	6.97	710.91	0.82	0.82	0.00
3~6	11 351.14	4.68	0.70	1 257.01	11.07	0.80	10.27	9 022.93	79.49	42.59	36.90	1 071.20	9.44	9.40	0.04
6~10	52 852.61	21.80	0.67	2 680.54	5.07	0.18	4.90	41 775.37	79.04	30.78	48.26	8 396.70	15.89	15.27	0.61
10~15	65 948.17	27.20	0.67	3 827.07	5.80	0.59	5.22	53 576.26	81.24	28.70	52.54	8 544.84	12.96	12.48	0.48
15~25	25 462.63	10.50	0.69	1 734.76	6.81	0.70	6.12	21 286.79	83.60	35.00	48.60	2 441.08	9.59	9.22	0.37
合计	242 418.73	100.00	0.72	57 825.35	23.85	1.79	22.07	163 428.64	67.42	33.27	34.14	21 164.73	8.73	8.43	0.30

第四章 温州市耕地地力分级评价

第一节 一级耕地地力及管理建议

一、立地状况

温州市一级耕地面积只有 4 332.98hm²，仅占全市耕地面积的 1.79%。一级耕地集中分布在市内的水网平原和滨海平原，分别占总面积的 99.88% 和 0.12%；一级耕地在各坡度级中都有分布，其中≤3°的比例分别为 82.71%，坡度 3°~6°、6°~10°、10°~15° 和 15°~25° 的比例分别为 2.10%、2.14%、8.95% 和 4.10%。抗旱能力较强，主要在>70d，占 85.28%；抗旱 50~70d，占 14.72%；以一日暴雨一日排出为主。土壤类型主要为水稻土，占 77.53%；其次为红壤（占 17.97%）、潮土（占 4.08%）、滨海盐土（占 0.19%）和粗骨土（占 0.23%）。由于地理位置较为优越，通过近年来耕地地力提升，一级耕地基础设施较为完整，具有高产、稳产的特点。地下水位主要在 50cm 左右。

一级耕地较集中分布在瑞安市、苍南县、瓯海区和平阳县，这些县（市、区）的一级耕地面积占总一级耕地面积的 99.84%；其中，瑞安市、苍南县、瓯海区和平阳县的一级耕地面积分别占总一级耕地面积的 38.87%、37.55%、13.27% 和 10.14%；其他县（市、区）仅零星分布。

二、理化性状

1. pH 值和容重

一级耕地土壤 pH 值主要由微酸性、酸性和中性组成，以微酸性为主，pH 值分别在 4.5~5.5、5.5~6.5 和 6.5~7.5 三个级别的比例分别为 11.91%、82.47% 和 5.62%。一级耕地耕作层土壤容重主要在 0.9~1.3g/cm³，其中，容重在 0.9~1.1g/cm³ 和 1.1~1.3g/cm³ 的分别占全部一级耕地的 87.60% 和 10.11%；另有 0.20% 和 2.08% 的一级耕地土壤容重属于>1.3g/cm³ 和<0.9g/cm³。总体上，一级耕地的土壤容重较为适宜，通透性佳。

2. 阳离子交换量和水溶性盐分

一级耕地土壤 CEC 主要在 15cmol/kg 以上，CEC 分属 15~20cmol/kg 和 20cmol/kg 以上的分别占一级耕地面积的 83.97% 和 6.84%，另有 9.19% 的一级耕地 CEC 在 10~15cmol/kg，总体上属中高等水平。水溶性盐分多在 2g/kg 以下，其中水溶性盐在 1g/kg 以下和 1~2g/kg 的一级耕地面积分别占 47.40% 和 33.36%，另有 19.24% 的一级耕地水溶性盐在 2g/kg 以上。

3. 养分状况

一级耕地耕层土壤有机质含量总体属于较高水平，全在 20g/kg 以上，多数在 30g/kg 以上。其中，有机质含量高于 40g/kg 的面积占 37.58%，30~40g/kg 的面积占 55.34%，20~30g/kg 的面积只占 7.08%。一级耕地耕层土壤全氮在中高水平，主要在 1.5g/kg 以上，全氮在 1.0~1.5g/kg、1.5~2.0g/kg 和 2.0g/kg 以上的一级耕地面积分别占 0.33%、22.69% 和 76.98%。

一级耕地耕层土壤有效磷变化较大，丰缺很不均衡。对于 Olsen P，有效磷在 40mg/kg 以上的一级耕地面积为 0.04%；有效磷在 10~15mg/kg、15~20mg/kg、20~30mg/kg 和 30~40mg/kg 的一级耕地面积分别占 57.03%、20.17%、9.35% 和 4.55%，另有少量（占 8.86%）的一级耕地有效磷在 10mg/kg 以下。Bray P 基本上在 7mg/kg 以上，有效磷在 7~12mg/kg、12~18mg/kg、18~25mg/kg、25~35mg/kg、35~50mg/kg 和 >50mg/kg 的一级耕地面积分别占 23.39%、17.10%、17.42%、14.41%、11.00% 和 16.19%。总体上，一级耕地土壤有效磷以中高水平为主，有部分土壤有效磷超过的植物的正常需要量，也有一定比例的一级耕地土壤存在磷素的不足。

一级耕地耕层土壤速效钾较高，有 88.29% 的一级耕地土壤速效钾在 100mg/kg 以上，另外分别有 9.14% 和 2.56% 面积的一级耕地土壤速效钾在 80~100mg/kg 和 50~80mg/kg。约有 1/10 的一级耕地存在较明显的缺钾问题。

4. 质地和耕作层厚度

一级耕地耕层土壤质地主要为黏土、重壤土和中壤土，它们的面积分别约占一级耕地的 70.85%、13.30% 和 13.62%，另有 2.23% 的一级耕地的质地为砂壤土和砂土。地表砾石度基本上在 10% 以下。耕作层厚度主要在 12cm 以上，在 12~16cm、16~20cm 和 >20cm 的分别占 27.82%、45.37% 和 26.67%；另外，分别有 14.00% 的一级耕地耕作层厚度位于 8~16cm。

三、生产性能及管理建议

一级耕地是温州市农业生产中地力最高的耕地，总体上，该类耕地土壤供肥性能和保肥性能较高，灌溉/排水条件良好，宜种性广，土壤肥力水平高，农业生产上以粮食生产为主。调查结果表明，这类耕地的立地条件优越，有机质和全氮水平高，容重和耕作层厚度较为适合作物生长的需要；钾素水平以中等为主，但部分土壤存在有效磷、速效钾偏低的问题。在管理上应以土壤地力保育管理为主，注意做好秸秆还田，种植绿肥，增施有机肥，以保持较高的土壤有机质水平，增强土壤的保肥性能。同时，重视平衡施肥，矫治土壤的缺磷、缺钾现象。对于土壤 pH 值在 4.5~5.5 的耕地，应适当施用石灰，降低土壤酸度。

第二节 二级耕地地力及管理建议

一、立地状况

温州市二级耕地面积有 53 492.37hm²，占全市耕地面积的 22.07%。二级耕地主要分布在市内水网平原、滨海平原和河谷平原，分别占 66.76%、25.10% 和 4.48%，低丘和河谷平原大畈分布的二级耕地分别占二级耕地总面积的 1.85% 和 1.53%，其他地貌区都有零星分布。坡度主要在 0°~3°，占 83.64%；其次为 10°~15° 和 10°~15°，分别占 4.84% 和 6.43%。

二级耕地抗旱能力较强，主要在 50~70d，占 53.36%；抗旱 >70d 和 30~50d 的分别占 41.41% 和 5.22%，少数（占 0.01%）抗旱 <30d；一日暴雨一日排出、一日暴雨二日排出和一日暴雨三日排出的比例分别为 41.27%、55.31% 和 3.42%，以一日暴雨二日排出为主。冬季地下水位主要在 20~80cm。土壤类型主要为水稻土，占 76.05%；少数为红壤（占 12.45%）、潮土（占 8.93%）、滨海盐土（占 1.52%）和粗骨土（占 0.89%）。通过近年来土壤改良和耕地地力提升，二级耕地基础设施较为完整，具有高产、稳产的特点，但由于受地形、排灌条件和土壤肥力等的限制，其综合地力级别低于一级耕地。除文成县外，二级耕地在其他各县（市、区）都有分布。以苍南县和瑞安市的面积最大，分别占二级耕地总面积的 26.19% 和 20.79%；乐清市、平阳县、永嘉县、龙湾区和瓯海区的分布面积也较大，分别占 15.76%、12.78%、6.88%、6.44% 和 8.01%；其他县、区也有少量分布。

二、理化性状

1. pH 值和容重

二级耕地土壤 pH 值变化较大，主要为微酸性、酸性和中性，并以微酸性为主，pH 值在 5.5~6.4、5.5~5.5 和 6.5~7.5 三个级别的比例分别为 52.16%、29.60% 和 15.32%，另有 2.64% 的二级耕地土壤呈微碱性（pH 值为 7.5~8.5），少数土壤（0.28%）pH 值低于 4.5。二级耕地耕作层土壤容重主要在 0.9~1.3g/cm³，其中，容重在 0.9~1.1g/cm³ 和 1.1~1.3g/cm³ 的分别占全部二级耕地的 69.36% 和 18.84%；另有 0.94% 和 10.86% 的二级耕地土壤容重属于 >1.3g/cm³ 和小于 0.9g/cm³。总体上，二级耕地的土壤容重较为适宜，通透性较好。

2. 阳离子交换量和水溶性盐分

二级耕地土壤 CEC 主要在 10cmol/kg 以上，CEC 分属 10~15cmol/kg、15~20cmol/kg 和 20cmol/kg 以上的分别占二级耕地面积的 34.98%、51.93% 和 7.09%，另有少量（占 6.0%）在 10cmol/kg 以下，总体上属中等水平。水溶性盐分变化较大，但多在 2g/kg 以下，其中水溶性盐在 1g/kg 以下和 1~2g/kg 的二级耕地面积分别占 66.47% 和 22.05%，另有 11.48% 的二级耕地水溶性盐在 2g/kg 以上。

3. 养分状况

二级耕地耕层土壤有机质含量总体属于较高水平，基本上在 20g/kg 以上，其中，有机质含量高于 40g/kg 的面积占 21.55%，30~40g/kg 的面积占 47.13%，20~30g/kg 的面积占 30.25%，另有 1.07% 的二级耕地的有机质在 10~20g/kg。二级耕地耕层土壤全氮也主要在中高水平，以在 1.5g/kg 以上为主，全氮在 0.5~1.0g/kg、1.0~1.5g/kg、1.5~2.0g/kg 和 2.0g/kg 以上的一级耕地面积分别占 0.23%、5.42%、30.03% 和 64.32%。总体上，二级耕地土壤氮素较高，但低于一级耕地，并存在一定比例的土壤缺氮。

二级耕地耕层土壤有效磷变化也较大，丰缺很不均衡。对于 Olsen P，有效磷在 40mg/kg 以上的二级耕地面积比例达 1.61%；有效磷在 10~15mg/kg、15~20mg/kg、20~30mg/kg 和 30~40mg/kg 的二级耕地面积分别占 32.13%、12.90%、10.88% 和 3.99%，另有较高比例（占 38.49%）的二级耕地有效磷在 10mg/kg 以下。对于 Bray P，有效磷的变化也很大，其中，土壤有效磷在 18~25mg/kg、25~35mg/kg、35~50mg/kg 和 >50mg/kg 的二级耕地面积分别占 13.63%、10.94%、10.88% 和 15.58%，另有较高比例（占 48.97%）的二级耕地有效磷在 18mg/kg 以下。总体上，二级耕地土壤有效磷以中下水平为主，其中土壤有效磷较低级别的比例都高于一级耕地。

二级耕地耕层土壤速效钾较高，有 72.06% 的二级耕地土壤速效钾在 100mg/kg 以上，其中，土壤速效钾在 150mg/kg 以上和 100~150mg/kg 的二级耕地面积分别占 37.89% 和 34.17%，另分别有 16.07%、10.68% 和 1.19% 面积的二级耕地速效钾在 80~100mg/kg、50~80mg/kg 和 ≤50mg/kg。约有 27.94% 的二级耕地存在较明显的缺钾问题。

4. 质地和耕作层厚度

二级耕地耕层土壤质地主要为黏土、重壤土和中壤土为主，它们的面积分别约占二级耕地的 67.78%、23.00% 和 6.70%，另分别有 1.60% 和 0.92% 的二级耕地的质地为轻壤土和砂壤土。地表砾石度主要在 10% 以下，占 97.41%；少数（2.36%）在 10%~25%。耕作层厚度主要在 12cm 以上，占 96.69%；少数（3.31%）位于 8~12cm。

三、生产性能及管理建议

二级耕地是温州市农业生产中仅次于一级田的一类地力高的耕地，总体上，土壤供肥性能和保肥性能尚较高，宜种性广，土壤肥力水平较高，农业生产上以粮食生产为主。调查结果表明，这类耕地的立地条件相对较好，肥力较高，容重和耕作层厚度较为适合作物生长的需要；有机质和全磷较为丰富，但缺磷和缺钾较为明显；部分土壤 CEC 较低或耕层较浅，部分土壤存在灌溉或排水问题；有少数土壤出现明显的酸化。在管理上应完善种植结构与技术措施，重视测土施肥，重视钾肥和磷肥的施用；做好秸秆还田，种植绿肥，增施有机肥，进一步提高土壤有机质含量，增强土壤的保肥性能。酸化土壤有必要进行酸度校正。

第三节　三级耕地地力及管理建议

一、立地状况

温州市三级耕地面积有 80 661.13hm²，占全市耕地面积的 33.27%，是温州市面积第二大的耕地地力等级。温州市的三级耕地分布在市内河谷平原、低丘和水网平原区，分别占三级耕地总面积的 53.10%、14.14% 和 13.22%，高丘和滨海平原分别占 8.13% 和 7.27%；坡度主要在 0°～3° 和6°～15°，其中≤3°、6°～10° 和 10°～15° 的比例分别为 39.33%、20.17% 和 23.47%。抗旱能力差别较大，以中等为主；抗旱>70d、50～70d、30～50d 和<30d 的分别占 12.05%、37.97%、44.76%、5.25%；排水能力以中上等为主，一日暴雨一日排出、一日暴雨二日排出和一日暴雨三日排出的比例分别为 58.89%、31.01% 和 10.10%。地下水位变化较大，<20cm、20～50cm、50～80cm、80～100cm、>100cm 分别占 0.55%、24.14%、31.93%、27.39% 和 15.99%。土壤类型主要为水稻土（52.03%）和红壤（34.54%），少数为滨海盐土（0.80%）、粗骨土（6.07%）、潮土（3.54%）、黄壤（2.18%）和紫色土（0.83%）。三级耕地基础设施相对较差，立地条件一般，灌溉能力低于二级耕地，但排涝能力与二级耕地接近。

三级耕地在温州市各县（市、区）都有分布，面积较大的为永嘉县，占 27.33%；其次为平阳县、瑞安市、乐清市和苍南县，分别占 17.55%、16.69%、12.81% 和 11.24%。另外，文成县、鹿城区和瓯海区的面积也较大，分别占三级耕地的 2%～6%，其他县（市、区）的面积比例都在 2%以下。

二、理化性状

1. pH 值和容重

三级耕地土壤 pH 值主要在 4.5～5.5，pH 值在 4.5～5.5、5.5～6.5、6.5～7.5、7.5～8.5和<4.5 等 5 个级别的比例分别为 73.89%、19.12%、2.68%、1.11% 和 3.19%；另有 0.01% 的土壤pH>8.5；以酸性和微酸性土壤为主。三级耕地耕层土壤容重主要在 0.9～1.3g/cm³，其中，容重为0.9～1.1g/cm³ 和 1.1～1.3g/cm³ 的三级耕地分别占 55.73% 和 30.82%；另有 4.14% 和 9.31% 的三级耕地容重>1.3g/cm³ 和<0.9g/cm³。总体上，三级耕地的土壤容重适中。

2. 阳离子交换量和水溶性盐分

三级耕地土壤 CEC 主要在 5～15cmol/kg 变化，差异较大，CEC 分属 5～10cmol/kg、10～15cmol/kg 和 15～20cmol/kg 的分别占三级耕地面积的 46.29%、43.40% 和 7.32%，另有 1.00% 的三级耕地土壤 CEC 为>20cmol/kg；温州市的三级耕地土壤 CEC 属中下等水平。水溶性盐分多在2g/kg 以下，其中水溶性盐在 1g/kg 以下和 1～2g/kg 的三级耕地面积分别占 82.04% 和 7.39%，另有 10.57% 的三级耕地水溶性盐在 2g/kg 以上。

3. 养分状况

三级耕地耕层土壤有机质含量主要在 20～40g/kg，有机质含量高于 40g/kg 的面积只占13.90%，30～40g/kg 的面积占 36.74%，20～30g/kg 的面积占 45.56%，10～20g/kg 的面积占

3.77%。可见，三级耕地的土壤有机质含量以中等水平为主。三级耕地耕层土壤全氮也主要在中等水平，主要在 1.0g/kg 以上，全氮在 0.5~1.0g/kg、1.0~1.5g/kg、1.5~2.0g/kg 和 3.0g/kg 以上的三级耕地面积分别占 1.24%、20.24%、40.31% 和 38.20%。

三级耕地耕层土壤有效磷变异较大。对于 Olsen P，有效磷在 40mg/kg 以上的三级耕地面积比例为 18.85%，有效磷在 10~15mg/kg、15~20mg/kg、20~30mg/kg 和 30~40mg/kg 的三级耕地面积分别占 16.79%、15.38%、18.90% 和 12.47%，另有较高比例（占 17.62%）的三级耕地有效磷在 10mg/kg 以下。对于 Bray P，有效磷的变化也很大，其中，有效磷在 18~25mg/kg、25~35mg/kg、35~50mg/kg 和 >50mg/kg 的三级耕地面积分别占 12.41%、13.79%、15.96% 和 27.98%，另有较高比例（占 29.86%）的三级耕地有效磷在 18mg/kg 以下。总体上，三级耕地土壤有效磷以中下水平为主，有 20%~30% 的土壤存在磷素的明显不足。

三级耕地耕层土壤速效钾变化较大，有 30.96% 的三级耕地土壤有效钾在 100mg/kg 以上，其中，土壤速效钾在 100~150mg/kg 和 >150mg/kg 以上的三级耕地面积分别占 20.96% 和 10.00%，土壤速效钾在 80~100mg/kg 的三级耕地占 16.30%，另有 52.74% 的三级耕地土壤的有效钾 80mg/kg 以下。温州市三级耕地土壤中有 1/2 存在钾素明显不足。

4. 质地和耕作层厚度

三级耕地耕层土壤质地主要为黏土、重壤土和中壤土为主，它们的面积分别约占二级耕地的 27.87%、39.83% 和 19.83%，另分别有 9.16%、3.14% 和 0.18% 的三级耕地的质地为轻壤土、砂壤土和砂土。地表砾石度主要（占 88.07%）在 10% 以下，另分别有 7.97% 和 3.96% 的三级耕地砾石含量在 10%~25% 和 25% 以上。耕作层厚度主要在 12~20cm，其中，耕作层厚度 12~16cm 和 16~20cm 的三级耕地分别占 45.10% 和 37.67%，另外，分别有 5.18% 和 12.01% 的耕作层厚度在 8~12cm 和 >20cm。

三、生产性能及管理建议

三级耕地是温州市农业生产能力中处于中等状态的一类耕地，也是温州市面积较大的一类耕地。该级别的耕地多与二级田呈相间分布，许多地力指标与二级田相似（如有机质、全氮、容重、排水条件等）；三级田土壤保肥性较弱，钾素明显不足，部分土壤有效磷较低。其障碍原因主要有：①基础设施不完善，排灌条件一般；②土壤钾素不足和磷素不足；③土壤酸性较强。目前，这类耕地以种植粮油及经济作物为主。这类耕地在生产上应适当增加钾肥和磷肥的投入，注意酸度的校正，同时通过基础设施的建设改善排水条件；重视有机肥的施用。

第四节　四级耕地地力及管理建议

一、立地状况

温州市四级耕地面积有 82 767.51hm²，占全市耕地面积的 34.14%，是温州市面积最大的耕地地力等级。温州市的四级耕地的立地条件明显差于一级耕地、二级耕地和三级耕地；其分布的地貌类型主要分布在高丘、低丘和河谷平原，其中高丘占 56.21%，低丘占 23.29%；河谷平原占 12.19%；滨海平原与水网平原分别占 1.12% 和 4.55%。四级耕地坡度有一定的变化，主要在 6°~25°，其中 ≤3° 和 3°~6° 的比例分别为 7.31% 和 5.06%。坡度在 6°~10°、10°~15°、15°~25° 和 >25° 的四级耕地分别占 30.82%、41.86% 和 14.95%。

四级耕地排涝能力与三级耕地相似，一日暴雨一日排出、一日暴雨二日排出和一日暴雨三日排出的比例分别为 70.96%、26.89% 和 2.15%。抗旱能力较弱，特别是丘陵地区，存在缺水灌溉问题。抗旱>70d、50～70d、30～50d 和＜30d 的四级耕地分别占 9.10%、20.21%、25.98% 和 54.71%。冬季地下水位主要在 100cm 以上，占 51.16%；在 20～100cm 的占 48.80%。土壤类型主要为红壤（44.66%）和水稻土（33.18%），少数为黄壤（占 8.07%）、粗骨土（占 7.20%）、紫色土（占 5.59%）、潮土（占 1.30%）和滨海盐土（占 0.01%）。四级耕地基础设施相对较差，立地条件一般，抗旱能力低于三级耕地。

四级耕地在各县（市、区）都有分布，面积较大的为文成县和泰顺县，分别占四级耕地的 23.75% 和 20.18%；永嘉县、瑞安市、平阳县和苍南县的分布面积也较大，分别占 13.32%、12.39%、11.91% 和 10.68%；乐清市、瓯海区、鹿城区、洞头县和龙湾区的面积分别占四级耕地的 3.82%、2.18%、1.36%、0.33% 和 0.09%。

二、理化性状

1. pH 值和容重

四级耕地土壤 pH 值很低，以酸性土壤为主，其中土壤 pH 值在 4.5～5.5 和 4.5 以下的分别占 86.04% 和 6.69%；土壤 pH 值在 5.5～6.5 和 6.5～7.5 二个级别的比例分别为 7.17% 和 0.09%；另有 0.01% 的四级耕地土壤 pH 值在 8.5 以上。四级耕地耕作层土壤容重变化较大，容重在 0.9～1.1g/cm³、1.1～1.3g/cm³、＞1.3g/cm³ 和＜0.9g/cm³ 的各占 46.87%、42.40%、8.16% 和 2.57%，四级耕地的部分土壤容重有点偏高。

2. 阳离子交换量和水溶性盐分

四级耕地土壤 CEC 主要在 5～15cmol/kg，CEC 分属 5～10cmol/kg、10～15cmol/kg 和 15～20cmol/kg 的分别占四级耕地面积的 57.34%、34.97% 和 3.99%；温州市的四级耕地土壤 CEC 属中下水平。四级耕地土壤水溶性盐分基本在 1g/kg 以下，其中水溶性盐在 1g/kg 以下和 1～2g/kg 的四级耕地面积分别占 80.27% 和 10.86%，约 6.49% 四级耕地土壤水溶性盐分基本在 5g/kg 以上。

3. 养分状况

四级耕地耕层土壤有机质含量总体呈中等水平，多数（占面积的 77.42%）四级耕地土壤有机质含量在 20～40g/kg。有机质含量高于 40g/kg 的面积占 10.30%，30～40g/kg 的面积 36.23%，20～30g/kg 和 10～20g/kg 的面积分别占 41.19% 和 12.23%，另有 0.05% 的四级耕地的有机质在 10g/kg 以下。总体上，四级耕地的土壤有机质含量与二级、三级相似。四级耕地耕层土壤全氮也主要在中等水平，主要在 1.0～2.0g/kg，全氮在 0.5～1.0g/kg、1.0～1.5g/kg、1.5～2.0g/kg 和 2.0g/kg 以上的四级耕地面积分别占 2.60%、36.08%、43.51% 和 16.58%；另有 1.23% 的四级耕地全氮在 0.5g/kg 以下。

与三级耕地相似，四级耕地耕层土壤有效磷也有较大的变化。对于 Olsen P，有效磷在 40mg/kg 以上的四级耕地面积比例为 12.48%，有效磷在 10～15mg/kg、15～20mg/kg、20～30mg/kg 和 30～40mg/kg 的四级耕地面积分别占 22.65%、21.05%、19.49% 和 10.25%，另有一定比例（占 14.08%）的四级耕地有效磷在 10mg/kg 以下。对于 Bray P，有效磷的变化也很大，其中，有效磷在 18～25mg/kg、25～35mg/kg、35～50mg/kg 和＞50mg/kg 的四级耕地面积分别占 12.34%、16.12%、20.02% 和 31.56%，另有较高比例（占 19.96%）的四级耕地有效磷在 18mg/kg 以下。总体上，四级耕地土壤有效磷以中下水平为主，约 20% 的土壤存在磷素的明显不足。

四级耕地耕层土壤速效钾偏低。速效钾在 100～150mg/kg 和＞150mg/kg 以上的四级耕地面积分别占 7.52% 和 3.75%，速效钾在 80～100mg/kg 的四级耕地占 13.50%，有 75.22% 的四级耕地土壤的速效钾 80mg/kg 以下。总体上，温州市四级耕地土壤钾素较为缺乏。

4. 质地和耕作层厚度

四级耕地耕层土壤质地类型较多，变化较大；其中，以重壤土、黏土和中壤土的比例较高，分别占45.17%、27.01%和13.20%，其次为轻壤土，占13.10%；另有1.42%和0.11%的四级耕地土壤质地属于砂壤土和砂土。地表砾石度较高，主要（66.78%）在10%以下，但也有一定比例的土壤（12.30%）在10%~25%，较高比例（20.92%）的土壤砾石含量高达25%以上。四级耕地耕作层厚度主要在12~20cm，其中12~16cm和16~20cm的分别占35.73%和44.59%；另有11.52%和8.13%的四级田耕层厚度在>20cm和8~12cm。

三、生产性能及管理建议

四级耕地是温州市农业生产能力中等偏下的一类耕地。该级别耕地土壤有机质和全氮较为丰富，耕作层厚度与一级至三级耕地相似，主要存在抗旱能力弱、保蓄能力弱、土壤酸化、土壤有效钾不足等问题，部分土壤有效磷较低，农作物产量较低。这类耕地在农业生产上应根据农户种植习惯因土指导，需要完善田间设施和修建水利设施，增加农田抗旱能力，重视有机肥、钾肥和磷肥的投入，提高土壤肥力。视作物情况进行土壤酸度校正。

第五节 五级耕地地力及管理建议

一、立地状况

温州市五级耕地面积只有20 425.67hm²，占全市耕地总面积的8.43%，是温州市面积较小的耕地地力等级。温州市的五级耕地集中分布在丘陵地区，其中，低丘占23.70%，高丘占68.57%；另分别有0.76%、3.47%和3.44%的五级耕地分布在河谷平原、低山与中山。坡度变化较大，其中≤3°的只占3.48%，3°~6°的比例为5.22%，6°~10°、10°~15°和15°~25°的比例分别占39.52%、40.28%和11.50%。五级耕地抗旱能力较弱，特别是丘陵地区，存在缺少灌溉问题。一日暴雨一日排出、一日暴雨二日排出和一日暴雨三日排出的比例分别为35.65%、39.26%和25.09%。抗旱>70d、50~70d、30~50d和<30d的分别占2.82%、0.06%、21.92%、75.19%。冬季地下水位主要在100cm以上，占57.19%；在20~100cm的占42.80%。土壤类型主要为红壤（41.61%）和水稻土（38.50%），少数为潮土（占0.70%）、粗骨土（占3.71%）、紫色土（占7.20%）和黄壤（占8.33%）。五级耕地基础设施相对较差，水利设施较差，特别是丘陵山地，缺乏灌溉设施。

五级耕地分布于除洞头县和龙湾区以外的其他县（市、区），较集中分布在泰顺县和乐清市，后者面积占五级耕地的35.70%和20.12%；文成县、永嘉县、瑞安市和苍南县也有较大面积的分布，分别占五级田总面积的11.14%、10.77%、10.25%和7.63%；平阳县、瓯海区和鹿城区五级耕地面积分别占其总面积的2.65%、0.91%和0.83%。

二、理化性状

1. pH 值和容重

五级耕地土壤以酸性为主，土壤pH值全在6.5以下。土壤pH值在5.5~6.5和4.5~5.5及4.5以下的比例分别为2.54%、91.50%和5.97%，酸性（pH值为4.5~5.5）土壤的比例明显高于一级至四级耕地；五级耕地耕作层土壤容重主要在0.9~1.3g/cm³。土壤容重在0.9~1.1g/cm³的比例为49.45%，在1.1~1.3g/cm³的比例为39.70%；>1.3g/cm³和<0.9g/cm³的比例分别为3.34%和7.53%。总体上，五级耕地的多数土壤容重较为适宜。

2. 阳离子交换量和水溶性盐分

五级耕地土壤CEC较低，CEC主要在5~15cmol/kg，CEC在5~10cmol/kg和10~15cmol/kg的

五级耕地面积分别占 76.69% 和 11.81%。分属 <5cmol/kg 和 15~20cmol/kg 的分别占五级耕地面积的 12.27% 和 0.25%。水溶性盐分主要在 1g/kg 以下，占 77.99%；其次为 1~2g/kg，占 17.25%；少数在 2g/kg 以上。

3. 养分状况

五级耕地耕层土壤有机质含量总体呈中下水平，多数（占总面积的 92.19%）在 10~40g/kg。有机质含量高于 40g/kg 的五级耕地只占 6.29%，土壤有机质在 20~30g/kg 的面积占 36.00%，土壤有机质在 10~20g/kg 的面积占 24.93%，另有 31.26% 和 1.4% 的五级耕地土壤有机质在 30~40g/kg 和 10g/kg 以下。总体上，五级耕地的土壤有机质含量明显低于三级和四级耕地。五级耕地耕层土壤全氮较低，主要在 1.0~2.0g/kg，全氮在 0.5~1.0g/kg、1.0~1.5g/kg、1.5~2.0g/kg 和 2.0g/kg 以上的五级耕地面积分别占 3.10%、37.94%、33.20% 和 14.07%；另有 11.70% 的五级耕地全氮在 0.5g/kg 以下。

五级耕地耕层土壤有效磷变化也较高，高低分布极不均匀。对于 Olsen P，有效磷在 40mg/kg 以上的四级耕地面积比例为 10.34%，有效磷在 10~15mg/kg、15~20mg/kg、20~30mg/kg 和 30~40mg/kg 的四级耕地面积分别占 32.02%、18.55%、11.38% 和 3.42%，另有一定比例（占 24.29%）的四级耕地有效磷在 10mg/kg 以下。对于 Bray P，有效磷的变化也很大，其中，有效磷在 18~25mg/kg、25~35mg/kg、35~50mg/kg 和 >50mg/kg 的四级耕地面积分别占 11.73%、9.46%、11.68% 和 26.34%，另有较高比例（占 40.78%）的四级耕地有效磷在 18mg/kg 以下。总体上，四级耕地土壤有效磷以中下水平为主，30%~40% 的土壤存在磷素的明显不足。

五级耕地耕层土壤速效钾很低，主要在 80mg/kg 以下。土壤速效钾在 50mg/kg 以下和 50~80mg/kg 的五级耕地面积分别占 41.42% 和 50.76%；土壤速效钾在 80~100mg/kg 的五级耕地面积分别占 5.75%；另分别有 1.98% 和 0.10% 面积的五级耕地土壤有效钾在 100~150mg/kg 和高于 150mg/kg。五级耕地土壤中有效钾在 80mg/kg 以下的比例高达 91% 以上，缺钾问题突出。

4. 质地和耕作层厚度

五级耕地耕层土壤质地以重壤土、黏土和中壤土的比例较高，分别占 48.89%、31.03% 和 10.20%。少数为轻壤和砂壤。地表砾石度较高，在 10% 以下和 10%~25% 的分别占 63.40% 和 26.84%，9.78% 的耕地砾石高达 25% 以上。五级耕地耕作层厚度以中等为主，其中，耕作层厚度 8~12cm、12~16cm、16~20cm 和 20cm 以上的五级耕地分别占 21.12%、22.40%、44.67% 和 11.81%。

三、生产性能及管理建议

五级耕地是温州市农业生产能力较低的一类耕地。这类耕地主要在丘陵地区，土壤保肥性差，缺钾和缺乏磷土壤比例较高，土壤有机质和氮素中下，基础设施差，耕层较薄，易受干旱缺水影响，农作物产量低。这类耕地农业生产上需重视因土种植，以种植旱作和经济作物为主。在改良上，要重视培肥，增加有机肥、氮素、钾素及磷素的投入，提高土壤肥力和保肥、保水能力；并适量施用石灰，校正土壤酸度；有水源的区域应加强水利设施的建设。

第六节　六级耕地地力及管理建议

一、立地状况

温州市六级耕地面积只有 739.06hm²，占全市耕地总面积的 0.30%，是温州市面积较小的耕地地力等级。温州市的六级耕地零星分布在丘陵和山地，其中高丘占 86.54%；坡度主要在 6°~25°，占 99.41%，其中坡度主要在 6°~15° 占 86.80%。六级耕地排涝能力和抗旱能力较弱，抗旱 <50d，一日暴雨二日排出和一日暴雨三日排出的比例分别为 31.45% 和 68.65%。冬季地下水位主要在 50cm 以上。

土壤类型主要由红壤（46.09%）、水稻土（54.35%）和粗骨土（占 0.16%）组成。五级耕地基础设施相对较差，水利设施较差，特别是丘陵山地，缺乏灌溉设施。六级耕地集中分布在乐清市，占 84.79%；泰顺县、文成县和永嘉县等也有少量分布。

二、理化性状

1. pH 值和容重

六级耕地土壤以酸性为主，土壤 pH 值在 4.5~5.5 占 96.95%；土壤 pH 值在 5.5~6.5 和 <4.5 的比例分别为 0.09% 和 2.96%。六级耕地耕作层土壤容重高低相差很大，在 0.9~1.1g/cm³ 的比例只有 28.39%，在 1.1~1.3g/cm³ 的比例为 38.01%；>1.3g/cm³ 和 <0.9g/cm³ 的比例分别为 0.0% 和 33.60%。某些六级耕地的土壤容重偏低。

2. 阳离子交换量和水溶性盐分

六级耕地土壤 CEC 较低，CEC 全在 10cmol/kg 以下；其中，CEC 在 5~10cmol/kg 的六级耕地面积分别占 69.55%。水溶性盐分在 2g/kg 以下，其中盐分在 2g/kg 以下六级耕地的占比为 95.37%。

3. 养分状况

六级耕地耕层土壤有机质含量总体呈中下水平，多数（占面积的 78.93%）在 10~20g/kg。土壤有机质在 20~30g/kg 的面积占 9.00%，有 1.44% 和 10.62% 的六级耕地土壤有机质分别在 30~40g/kg 和 10g/kg 以下。总体上，六级耕地的土壤有机质含量明显低于其他耕地。相对于有机质，六级耕地耕层土壤全氮较高，其中有 50.78% 的六级耕地耕层土壤全氮在 2.0g/kg 以上，全氮在 0.5g/kg 以下、0.5~1.0g/kg、1.0~1.5g/kg 和 1.5~2.0g/kg 的分别占 18.87%、10.29%、14.94% 和 5.12%。

六级耕地耕层土壤有效磷高低相关较大，Bray P>50mg/kg 的六级耕地面积占 55.32%；其次为 7~12mg/kg，占 18.44%；<7mg/kg、12~18mg/kg、18~25mg/kg、25~35mg/kg 和 35~50mg/kg 分别占 4.82%、5.45%、0.22%、4.88% 和 8.28%。六级耕地耕层土壤速效钾主要在 80mg/kg 以下（占 97.28%），土壤速效钾在 50~80mg/kg 的六级耕地面积 38.99%；50mg/kg 以下的占 58.29%。

4. 质地和耕作层厚度

六级耕地耕层土壤质地有主要由重壤土、黏土和中壤土组成。地表砾石度主要在 10%~25%。六级耕地耕作层厚度主要在 8~12cm，占 84.59%。

三、生产性能及管理建议

六级耕地是温州市农业生产能力最低的一类耕地。这类耕地主要在丘陵山地区，土壤保肥性差，土壤有机质偏低，基础设施差，耕层较薄，易受干旱缺水影响，农作物产量低。这类耕地农业生产上需重视因土种植，以种植旱作和经济作物为主。在改良上，要重视培肥，增加有机肥、钾素的投入，提高土壤肥力和保肥、保水能力；并适量施用石灰，校正土壤酸度；有水源的区域应加强水利设施的建设。

分析可知，从一级耕地至六级耕地，灌溉条件逐渐变差，土壤缺钾、土壤酸化逐渐明显，土壤有机质含量有所下降，土壤保蓄性变差，土层变薄。但不同级别耕地之间的有效磷变化较小，且磷过量积累的土壤比例有增加的趋势。

第五章　温州市耕地土壤肥力状况

肥力是土壤的本质特征和基本属性，是土壤为植物生长供应和协调养分、水分、空气和热量的能力，是土壤物理、化学和生物学性质的综合反应，是土壤区别于成土母质和其他自然体的最本质的特征，也是土壤作为自然资源和农业生产资料的物质基础，它是耕地地力的根本。肥沃的土壤一般为土层厚、表土松、供肥保肥性能适当、结构良好，水、肥、气、热诸肥力因素比较协调，抗逆性强，适宜性广。为了解温州市耕地肥力现状，本章利用 2019 年温州市耕地土壤调查数据，对全市耕地主要肥力指标进行了分析。

第一节　耕地土壤肥力总体状况

一、土壤养分的分级标准

参照浙江省耕地土壤的养分分级标准，对温州市耕地土壤中大量元素养分及土壤 pH 值的分级分别列于表 5-1 和表 5-2。

表 5-1　土壤大量元素养分分级标准

项目	测定方法	高		中		低	
		1	2	3	4	5	6
有机质（g/kg）	容量法	>50	40~50	30~40	20~30	10~20	<10
全氮（g/kg）	开氏法	>2.5	2~2.5	1.5~2	1~1.5	0.5~1	<0.5
碱解性氮（mg/kg，N）	碱解扩散法	>200	150~200	120~150	90~120	30~90	<30
有效磷（mg/kg，P）	碳酸氢钠法	>40	20~40	15~20	10~15	5~10	<5
	盐酸氟化铵法	>30	15~30	10~15	5~10	3~5	<3
速效钾（mg/kg，K）	乙酸铵法	>200	150~200	100~150	80~100	50~80	<50

表 5-2　土壤 pH 值分级标准

等级	1	2	3	4	5	6
pH	6.5~7.0	6.0~6.5	5.5~6.0	5.0~5.5	4.5~5.0	<4.5
	7.0~7.5	7.5~8.0	8.0~8.5	8.5~9.0	>9.0

二、土壤物理性质

1. 质地

质地是一项土壤重要的物理性状，其对作物根系的生长环境（包括渗透性、通气性和土壤养分的释放）有很大的影响。温州市耕地土壤质地有较大的变化，质地类型中黏土、重壤土、中壤土的比例分别为 31.56%、25.78% 和 20.44%；轻壤土、砂壤土和砂土的占比分别为 8.11%、11.11% 和 3.00%。总体上，温州市耕地土壤中质地偏黏的占比较高，保肥性较高，但这也在一定程度上影响了农田内排水和耕作活动。

2. 容重

温州市耕地耕作层土壤容重主要位于 0.9~1.3g/cm³，平均为 1.08g/cm³，变异系数为 14.17%。其中，土壤容重在 0.9~1.1g/cm³ 的耕地面积占 45.89%，在 1.1~1.3g/cm³ 的耕地面积占 35.89%，<0.9g/cm³ 和 >1.3g/cm³ 的耕地面积分别占 11.44% 和 6.78%。不同土壤之间的容重有一定的差异，这与土壤质地和结构不同有关。总体上，温州市多数耕地土壤的容重基本适于作物生长，但有少量耕地土壤的容重偏高。

3. 耕作层厚度

温州市耕地有效土层较为深厚，在 45~150cm，平均为 86.00cm，变异系数为 25.40%。耕作层厚度多在 3~30cm，平均为 18.30cm，变异系数为 16.50%；主要位于 12~20cm，占 89.11%。据统计，耕层厚度为 <8cm、8~12cm、12~16cm、16~20cm 和 >20cm 的耕地面积比例分别为 0.89%、4.11%、15.56%、71.78% 和 7.67%。

三、土壤化学性质

1. 酸碱度（pH 值）

土壤酸碱度是影响耕地土壤肥力和农作物生长的一个重要因素。土壤中有机质的合成与分解、营养元素的转化与释放，微生物活动以及微量元素的有效性等都与土壤碱度有密切关系。由于母质来源、成土环境条件及管理措施的不同，温州市耕地土壤酸碱度有较大的变化，最低值为 3.42，最高值为 8.79，相差达 5.37 个 pH 单位。耕地土壤的 pH 值中值为 5.16，平均为 5.26，变异系数为 13.80%。总体上，温州市耕地土壤 pH 值以酸性至微酸性为主；土壤 pH 值在 4.5~5.5 和 5.5~6.5 的耕地比例分别为 67.56% 和 16.89%，土壤 pH 值在 4.5 以下的耕地比例占 8.67%，三者共占 93.12%；土壤 pH 值在 6.5~7.5 的耕地比例为 4.56%；土壤 pH 值在 7.5 以上的耕地比例只占 2.33%。总体上，温州市耕地土壤酸化非常突出。

2. 阳离子交换量

土壤的阳离子交换量主要决于定下列因素。①胶体含量：土壤质地愈黏重，所含矿质胶体数量愈多，则交换量常愈大，故黏土的阳离子交换量通常比砂土和壤土的大。②胶体种类：各类土壤胶体的阳离子交换量相差悬殊，2∶1 型矿物的阳离子交换量明显高于 1∶1 型矿物。③土壤酸碱度（pH 值）：由于可变电荷的存在，土壤阳离子交换量随 pH 值的升高而增加。因此，土壤有机质和黏粒较高的土壤常常有较高的 CEC。

分析表明，温州市耕地土壤的 CEC 在 4.00~44.00cmol（+）/kg，平均为 12.65cmol（+）/kg，变异系数为 40.40%。总体上，平原地区耕地土壤的 CEC 较高，多数在 15~20cmol（+）/kg；山地丘陵耕地土壤的 CEC 较低，基本在 15cmol（+）/kg 以下。

四、土壤有机质

土壤有机质不仅对土壤结构、容重、耕性有重要影响，而且是土壤养分的潜在来源，对土壤的保肥性和供肥性有很大的影响。耕地土壤有机质的高低不仅与土壤培肥管理措施有关，也受水热条件、母质等因素有关。统计表明，温州市耕地土壤有机质含量变化较大，在 5.50~74.50g/kg，平均为 32.95g/kg，变异系数为 33.63%。温州市耕地土壤有机质主要在 20g/kg 以上，占 88.11%；土壤有机质含量在 30~40g/kg 的耕地比例占 32.78%，土壤有机质含量在 20~30g/kg 和 10~20g/kg 的耕地分别占 30.78% 和 11.33%；土壤有机质在 40g/kg 以上的耕地比例为 24.78%；土壤有机质含量在 10g/kg 以下的耕地只占 0.56%。总体上，温州市耕地土壤有机质含量基本上处于中量和高量水平。

五、土壤养分

1. 氮素

统计表明，温州市耕地土壤全氮含量在 0.35 ~ 4.02g/kg，平均为 1.90g/kg，变异系数为 31.26%。土壤全氮处于高量（>2g/kg）的耕地比例占 38.00%，其中，高于全氮>2.5g/kg 的耕地比例为 16.22%，全氮处于高水平（2 ~ 2.5g/kg）的耕地比例为 21.78%；土壤全氮处于中等（1.5~2.0g/kg）的耕地比例为 35.56%；土壤全氮处于较低（1.5~1g/kg）的耕地比例也较高，为 22.22%；土壤全氮处于很低（<1.0g/kg）的耕地比例只占 4.22%。总体上，与有机质相似，温州市耕地土壤全氮含量基本上处于中量和高量水平。

2. 磷素

温州市耕地土壤有效磷含量变化极大，在 0.1 ~ 1 820mg/kg，中值为 33.30mg/kg，平均值为 74.50mg/kg，变异系数达 158.34%。耕地土壤有效磷处于低级别（<5mg/kg）的比例约占 9.11%，其中低于 3mg/kg 的比例有 4.67%；处于中低等（5 ~ 10mg/kg）的占 9.89%，处于中等（10 ~ 30mg/kg）的占 28.33%，处于高（30~50mg/kg）的占 11.22%，处于过度积累（>50mg/kg）的达 41.44%。由此可见，温州市耕地的土壤有效磷总体趋于中高水平，并存在盲目施磷现象。

3. 钾素

温州市耕地土壤速效钾含量变化较大，在 18~590mg/kg，平均值为 110.37mg/kg，变异系数达 73.22%。耕地土壤速效钾处于较低级别（<100mg/kg）的比例约占 59.67%，其中低于 50mg/kg 的比例有 20.22%；处于中等（100~150mg/kg）的占 18.11%；处于高（>150mg/kg）的为 22.22%。由此可见，温州市耕地的土壤速效钾含量总体趋于中等水平，但有 1/2 以上的耕地存在缺钾问题（<100mg/kg）。

与速效钾相似，耕地土壤缓效钾含量也变化较大，在 63~1329mg/kg，平均值为 284.93mg/kg，变异系数达 71.95%。多数耕地土壤缓效钾处于 500mg/kg 以下（占比约 88.00%）。

4. 中微量元素

对 263 个样点的检测表明，温州市耕地土壤中有效铜、有效锌、有效铁、有效锰、有效硼、有效钼、有效硫、有效硅的含量均有较大的变化，分别有 0.24 ~ 84.66mg/kg、0.66 ~ 41.40mg/kg、16 ~ 477mg/kg、1.58 ~ 252mg/kg、0.01 ~ 18.43mg/kg、0.01 ~ 3.38mg/kg、2.05 ~ 284.05mg/kg、13.50 ~ 750.50mg/kg，平均分别为 3.27mg/kg、5.21mg/kg、153.51mg/kg、31.69mg/kg、0.50mg/kg、0.36mg/kg、28.09mg/kg、166.48mg/kg，变异系数分别为 189.97%、85.36%、58.76%、92.70%、254.65%、146.94%、83.66%、60.35%。有效铜、有效锌、有效铁、有效锰、有效硼、有效钼、有效硫、有效硅低于临界值（相应临界值为 0.20mg/kg、0.50mg/kg、4.50mg/kg、5.00mg/kg、0.50mg/kg、0.15mg/kg、16mg/kg、100mg/kg）的比例分别为 0%、0%、0%、8.47%、72.60%、32.23%、28.51%、28.57%。可见，温州市缺硼较为突出，同时存在不同程度的缺钼、缺硫和缺硅现象。

第二节　不同县（市、区）耕地地力指标的差异

表5-3 至表5-11 为分县（市、区）对耕地肥力指标的统计结果。从中可知，无论是县（市、区）内还是县（市、区）之间，耕地肥力指标都有很大的变化。其中，有效土层厚度：龙湾区>瑞安市>苍南县>泰顺县>鹿城区>乐清市>瓯海区>文成县>洞头区>平阳县>永嘉县；耕层厚度：乐清

市>泰顺县>苍南县>文成县>鹿城区>永嘉县>瑞安市>瓯海区>龙湾区>洞头区>平阳县；土壤容重：龙湾区>文成县>泰顺县>苍南县、洞头区>鹿城区>平阳县>乐清市、永嘉县>瓯海区>瑞安市；土壤pH值：龙湾区>洞头区>瑞安市>乐清市>平阳县>苍南县>文成县>鹿城区>瓯海区>永嘉县>泰顺县；土壤有机质：乐清市>鹿城区>瓯海区>泰顺县>苍南县>永嘉县>洞头区>文成县>瑞安市>平阳县>龙湾区；土壤全氮：乐清市>瓯海区>平阳县>苍南县>瑞安市>永嘉县>鹿城区>泰顺县>文成县>龙湾区>洞头区；土壤有效磷：瓯海区>瑞安市>龙湾区>泰顺县>永嘉县>洞头区>苍南县>文成县>鹿城区>平阳县>乐清市；土壤速效钾：龙湾区>瓯海区>洞头区>瑞安市>苍南县>平阳县>乐清市>鹿城区>泰顺县>永嘉县>文成县；土壤缓效钾：龙湾区>瓯海区>乐清市>洞头区>瑞安市>鹿城区>苍南县>平阳县>永嘉县>泰顺县>文成县。

表5-3 不同县（市、区）耕地有效土层厚度统计结果

县（市、区）	最小值（cm）	最大值（cm）	平均值（cm）	标准差	变异系数（%）
苍南县（$n=150$）	55	120	99.73	23.04	23.10
洞头区（$n=5$）	75	75	75.00	0.00	0.00
乐清市（$n=94$）	50	100	88.72	10.50	11.83
龙湾区（$n=13$）	60	120	115.38	16.64	14.42
鹿城区（$n=22$）	60	100	91.36	16.42	17.97
瓯海区（$n=31$）	80	100	88.55	7.33	8.27
平阳县（$n=104$）	55	100	71.80	9.95	13.86
瑞安市（$n=91$）	97	124	113.01	48.07	42.54
泰顺县（$n=123$）	66	150	92.73	18.21	19.64
文成县（$n=100$）	60	100	82.00	15.18	18.51
永嘉县（$n=167$）	45	70	60.51	4.58	7.57

表5-4 不同县（市、区）耕地耕层厚度统计结果

县（市、区）	最小值（cm）	最大值（cm）	平均值（cm）	标准差	变异系数（%）
苍南县（$n=150$）	14	30	19.24	1.90	9.87
洞头区（$n=5$）	14	18	15.60	2.19	14.04
乐清市（$n=94$）	15	25	19.79	2.53	12.79
龙湾区（$n=13$）	13	20	17.38	2.06	11.87
鹿城区（$n=22$）	15	22	18.73	2.29	12.24
瓯海区（$n=31$）	12	20	18.00	2.46	13.68
平阳县（$n=104$）	3	20	13.18	3.41	25.87
瑞安市（$n=91$）	10	25	18.13	18.88	104.12
泰顺县（$n=123$）	15	25	19.42	1.49	9.45
文成县（$n=100$）	15	20	19.20	1.22	6.37
永嘉县（$n=167$）	12	22	18.66	1.33	7.14

表 5-5　不同县（市、区）耕地土壤容重值统计结果

县（市、区）	最小值（g/cm³）	最大值（g/cm³）	平均值（g/cm³）	标准差	变异系数（%）
苍南县（n=150）	0.78	1.81	1.12	0.17	15.29
洞头区（n=5）	0.81	1.41	1.12	0.26	23.55
乐清市（n=94）	0.76	1.37	1.06	0.12	10.90
龙湾区（n=13）	0.93	1.34	1.18	0.12	10.62
鹿城区（n=22）	0.84	1.26	1.08	0.12	11.28
瓯海区（n=31）	0.77	1.23	0.99	0.11	11.19
平阳县（n=104）	0.70	1.48	1.07	0.16	14.75
瑞安市（n=91）	0.62	1.43	0.97	1.96	201.75
泰顺县（n=123）	0.70	1.49	1.11	0.14	10.99
文成县（n=100）	0.93	1.60	1.17	0.14	12.07
永嘉县（n=167）	0.73	1.41	1.06	0.13	12.18

表 5-6　不同县（市、区）耕地土壤 pH 值统计结果

县（市、区）	最小值	最大值	平均值	标准差	变异系数（%）
苍南县（n=150）	4.53	6.68	5.29	0.50	9.43
洞头区（n=5）	5.65	7.26	6.14	0.66	10.68
乐清市（n=94）	4.25	7.30	5.57	0.67	11.95
龙湾区（n=13）	3.87	8.13	6.68	1.61	24.12
鹿城区（n=22）	4.37	5.97	5.06	0.39	7.64
瓯海区（n=31）	3.53	6.83	5.01	0.68	13.65
平阳县（n=104）	4.38	7.65	5.48	0.57	10.40
瑞安市（n=91）	4.16	8.79	5.85	6.77	115.61
泰顺县（n=123）	3.42	6.10	4.76	0.44	10.67
文成县（n=100）	4.00	6.72	5.22	0.39	7.43
永嘉县（n=167）	3.44	6.10	4.95	0.41	8.20

表 5-7　不同县（市、区）耕地土壤有机质统计结果

县（市、区）	最小值（g/kg）	最大值（g/kg）	平均值（g/kg）	标准差	变异系数（%）
苍南县（n=150）	13.20	60.00	34.66	11.69	33.74
洞头区（n=5）	20.00	46.40	31.14	11.07	35.54
乐清市（n=94）	17.40	62.11	38.98	9.69	24.85
龙湾区（n=13）	13.60	44.20	23.93	9.07	37.91
鹿城区（n=22）	21.80	61.00	35.35	9.74	27.56
瓯海区（n=31）	8.38	55.70	35.31	10.03	28.41
平阳县（n=104）	5.50	51.80	29.04	8.61	29.64
瑞安市（n=91）	6.06	61.10	29.71	30.58	102.91
泰顺县（n=123）	10.80	62.60	34.88	9.98	12.75
文成县（n=100）	13.90	55.30	30.43	10.98	36.07
永嘉县（n=167）	12.10	74.50	32.31	10.93	33.82

表 5-8　不同县（市、区）耕地土壤全氮统计结果

县（市、区）	最小值（g/kg）	最大值（g/kg）	平均值（g/kg）	标准差	变异系数（%）
苍南县（n=150）	0.77	3.47	1.92	0.66	34.33
洞头区（n=5）	1.17	2.55	1.68	0.57	33.80
乐清市（n=94）	0.86	3.61	2.16	0.55	25.33
龙湾区（n=13）	1.02	2.86	1.70	0.56	33.15
鹿城区（n=22）	1.01	2.60	1.83	0.47	25.54
瓯海区（n=31）	0.46	3.24	2.05	0.60	29.49
平阳县（n=104）	1.04	3.40	2.04	0.42	20.52
瑞安市（n=91）	0.35	4.02	1.87	2.85	152.95
泰顺县（n=123）	0.39	3.56	1.75	0.51	10.95
文成县（n=100）	0.84	3.04	1.74	0.52	29.91
永嘉县（n=167）	0.70	4.01	1.86	0.60	32.27

表 5-9　不同县（市、区）耕地土壤有效磷统计结果

县（市、区）	最小值（mg/kg）	最大值（mg/kg）	平均值（mg/kg）	标准差	变异系数（%）
苍南县（n=150）	5.20	335.60	63.85	68.85	107.84
洞头区（n=5）	1.60	141.20	79.34	66.64	83.99
乐清市（n=94）	1.96	58.15	12.40	9.68	78.06
龙湾区（n=13）	9.80	390.00	104.22	131.18	125.87
鹿城区（n=22）	0.60	236.80	49.06	60.46	123.23
瓯海区（n=31）	0.50	859.10	190.78	229.79	120.45
平阳县（n=104）	1.90	323.00	41.92	58.30	139.07
瑞安市（n=91）	5.65	1 820.00	118.14	118.15	100.00
泰顺县（n=123）	0.10	806.40	98.90	122.41	122.36
文成县（n=100）	0.20	363.30	57.58	71.77	124.64
永嘉县（n=167）	0.70	760.80	86.99	112.13	128.90

表 5-10　不同县（市、区）耕地土壤速效钾统计结果

县（市、区）	最小值（mg/kg）	最大值（mg/kg）	平均值（mg/kg）	标准差	变异系数（%）
苍南县（n=150）	62.00	283.00	128.89	51.25	39.76
洞头区（n=5）	40.00	242.00	146.20	72.52	49.60
乐清市（n=94）	32.94	218.86	119.21	55.97	46.96
龙湾区（n=13）	198.00	590.00	333.23	118.87	35.67
鹿城区（n=22）	29.00	241.00	93.18	62.08	66.62
瓯海区（n=31）	37.00	530.00	161.45	129.96	80.49
平阳县（n=104）	18.00	494.00	122.68	88.85	72.42
瑞安市（n=91）	31.00	534.00	143.86	141.55	98.40
泰顺县（n=123）	21.00	282.00	88.94	47.70	47.46
文成县（n=100）	19.00	370.00	68.49	54.67	79.82
永嘉县（n=167）	23.00	520.00	78.06	61.25	78.47

表 5-11　不同县（市、区）耕地土壤缓效钾统计结果

县（市、区）	最小值（mg/kg）	最大值（mg/kg）	平均值（mg/kg）	标准差	变异系数（%）
苍南县（$n=150$）	87.00	713.00	293.42	169.00	57.60
洞头区（$n=5$）	240.00	788.00	443.80	229.42	51.69
乐清市（$n=94$）	213.22	1 328.57	424.91	205.93	48.46
龙湾区（$n=13$）	690.00	1 172.00	1 027.15	149.97	14.60
鹿城区（$n=22$）	112.00	926.00	301.82	237.58	78.72
瓯海区（$n=31$）	113.00	1 100.00	276.77	196.61	71.04
平阳县（$n=104$）	67.00	1 137.00	265.04	192.77	72.73
瑞安市（$n=91$）	75.00	1 210.00	355.09	346.87	97.69
泰顺县（$n=123$）	96.00	947.00	209.93	107.19	107.26
文成县（$n=100$）	63.00	414.00	150.36	51.38	34.17
永嘉县（$n=167$）	108.00	770.00	245.26	105.65	43.08

第三节　农业地貌类型对耕地地力指标的影响

表 5-12 为农业地貌类型对耕地肥力指标的统计结果，从中可知，地貌类型对耕地地力指标有一定的影响。有效土层厚度：平原>山地>丘陵；平均耕层厚度：山地>平原>丘陵；平均容重：山地>丘陵>平原；平均 pH 值：平原>丘陵>山地；平均有机质：平原>山地>丘陵；平均全氮：平原>丘陵>山地；平均有效磷：丘陵>山地>平原；平均速效钾和平均缓效钾：平原>丘陵>山地。

表 5-12　不同地貌区耕地肥力指标的比较

地形部位	平原（$n=311$）	丘陵（$n=320$）	山地（$n=269$）
有效土层厚度（cm）	102.54±17.84	68.58±13.81	87.56±17.96
耕层厚度（cm）	18.56±3.43	17.54±3.17	18.88±1.98
容重（g/cm³）	1.06±0.15	1.07±0.15	1.12±0.15
pH 值	5.62±0.91	5.13±0.53	5.00±0.49
有机质（g/kg）	34.94±12.24	30.71±9.88	33.32±10.57
全氮（g/kg）	2.10±0.64	1.80±0.56	1.77±0.52
有效磷（mg/kg）	61.51±110.45	85.56±136.46	76.36±100.28
速效钾（mg/kg）	157.75±95.22	88.14±58.58	82.03±57.73
缓效钾（mg/kg）	426.36±266.10	227.88±109.55	189.29±92.19

第四节　土壤类型对耕地地力指标的影响

表 5-13 为土壤类型对耕地地力指标的统计结果。不同土壤类型的耕地地力指标有一定的差别。有效土层厚度：潮土>紫色土>红壤>水稻土>滨海盐土>黄壤>粗骨土。平均耕层厚度：潮土>紫色土>黄壤>水稻土>滨海盐土>红壤>粗骨土。平均容重：粗骨土>滨海盐土>紫色土>潮土>红壤、黄壤、水稻土。平均 pH 值：潮土>滨海盐土>粗骨土>水稻土>黄壤>红壤>紫色土。平均有机

质：黄壤>水稻土>红壤>滨海盐土>粗骨土>紫色土>潮土。平均全氮：水稻土>黄壤>粗骨土>滨海盐土、红壤>紫色土>潮土。平均有效磷：紫色土>红壤>黄壤>水稻土>潮土>滨海盐土>粗骨土。平均速效钾：潮土>红壤>水稻土>滨海盐土>黄壤>紫色土>粗骨土。平均缓效钾：潮土>滨海盐土>水稻土>红壤>紫色土>粗骨土>黄壤。

表5-13　不同土壤类型耕地肥力指标的比较

土壤类型	滨海盐土 （n=3）	潮土 （n=21）	粗骨土 （n=4）	红壤 （n=117）	黄壤 （n=26）	水稻土 （n=707）	紫色土 （n=22）
有效土层厚度（cm）	81.67±17.56	107.71±19.89	72.50±18.93	87.83±22.27	84.19±14.43	85.11±21.76	88.86±21.93
耕层厚度（cm）	17.67±4.04	20.05±3.19	16.75±3.95	17.48±3.45	19.08±1.70	18.33±2.97	19.36±1.18
容重（g/cm^3）	1.23±0.24	1.14±0.23	1.26±0.15	1.08±0.16	1.07±0.16	1.07±0.15	1.20±0.17
pH 值	6.25±1.46	6.73±1.06	5.43±0.40	5.18±0.76	5.21±0.41	5.24±0.67	4.92±0.61
有机质（g/kg）	29.50±13.49	22.81±12.30	28.65±12.73	30.62±9.91	37.09±11.27	33.73±11.04	26.49±7.68
全氮（g/kg）	1.75±0.52	1.42±0.58	1.81±0.46	1.75±0.57	1.93±0.54	1.95±0.59	1.44±0.39
有效磷（mg/kg）	25.93±19.69	67.42±55.86	25.64±23.67	92.93±122.79	72.78±61.77	71.36±118.68	101.78±165.61
速效钾（mg/kg）	100.33±33.50	204.20±120.95	69.72±36.90	113.30±86.69	85.15±46.77	109.13±78.79	83.55±41.78
缓效钾（mg/kg）	467.33±297.62	658.07±313.82	177.16±51.08	250.20±193.89	169.92±63.83	286.96±196.59	179.00±59.05

第五节　耕地地力的时间变化

表5-14为温州市不同历史时期对辖区内耕地土壤肥力的调查结果，其中1985年的结果是由第二次土壤普查调查获得。从中大致可看出区内耕地土壤肥力的演变趋势：土壤呈现明显的酸化，多数土壤的酸碱度由早期的以微酸性为主转变为以酸性为主。土壤有机质、全氮和速效钾的变化趋势不明显，但有效磷呈现迅速增加的趋势，且这种增加趋势还在加剧。

表5-14　不同土壤类型耕地肥力指标的比较

年份	样本数 （个）	土壤pH值	有机质 （g/kg）	全氮 （g/kg）	有效磷 （mg/kg）	速效钾 （mg/kg）
1985	不清	6.0~6.3/5.9~7.7	33.2/19.4	1.94/0.98	12.80/15.10	103.70/124.70
2008	2 689	5.55±0.67	30.00±12.22	1.65±0.74	30.80±51.60	109.58±78.50
2019	900	5.26±0.73	32.95±11.08	1.90±0.59	74.50±117.96	110.37±80.81

注：1985年的数值为水田/旱地。

第六章 温州市新垦耕地土壤肥力状况

随着经济建设的快速发展需要，温州市因耕地占补平衡需要的补充耕地任务越来越重。为保持耕地面积总量占补动态平衡，守住耕地安全红线，近年来各县（市、区）在低丘缓坡山地及滨海涂地进行土地开发。为了解新垦耕地土壤质量状况，对387个点位的新垦耕地土壤容重、pH值、有机质、有效磷、速效钾、阳离子交换量、全氮及水溶性盐分等肥力指标进行了调查。

第一节 土壤容重、酸碱度和阳离子交换量

一、土壤容重

据349个样点统计表明，新垦耕地土壤容重有很大的变化，在0.70~1.92g/cm³，平均为1.11g/cm³，中值1.09g/cm³。土壤容重在0.90~1.10g/cm³的比例为45.27%，表明约有一半的新垦耕地土壤容重处于较佳的状态；但约有12.03%的新垦耕地土壤容重大于1.30g/cm³，土壤较为紧实，不利于作物的正常生长。

二、土壤酸碱度

据362个样点统计表明，新垦耕地土壤酸碱度有很大的变化。耕地土壤pH最低值为3.90，最高值为8.41，相差达4.51个pH单位，pH中值为4.93，均值5.08。土壤pH值的分布主要在5.5以下，占90.88%；其中，土壤pH值在4.5以下的样品比例为11.05%，土壤pH值在5.5~6.5和6.5~7.5的样品比例分别为3.59%和0.83%；而pH值在>8.5的样品比例为4.97%。总体上，温州市新垦耕地主要由酸性（pH值为4.5~5.5）、强酸性（pH<4.5）等土壤组成，表明新垦耕地具较强的酸度，这与新垦耕地主要分布在丘陵山地有关。土壤pH值较高的耕地主要为滩涂。

三、阳离子交换量

据362个样点统计表明，新垦耕地土壤阳离子交换量（CEC）也有很大的变化，在1.64~26.95cmol/kg，平均为10.08cmol/kg，中值9.27cmol/kg。土壤CEC在20.00cmol/kg以上的耕地比例只有0.83%，而CEC在10.00cmol/kg以下的耕地比例高达61.33%，其余38.67%的新垦耕地土壤CEC在10.00~20.00cmol/kg，表明新垦耕地的保肥能力普遍较弱。

第二节 土壤有机质和全氮

一、土壤有机质

对362个样点统计表明，新垦耕地土壤有机质含量有较大的变化，在2.02~68.20g/kg，平均为18.55g/kg，变异系数为50.78%。温州市新垦耕地土壤有机质含量主要落在20g/kg以下，其中，在10~20g/kg的占50.55%，在10g/kg以下占15.47%；两者之和占66.02%。土壤有机质含量在

30g/kg 以上的新垦耕地比例只占 10.77%。总体上，温州市新垦耕地土壤有机质含量处于中下水平。

二、土壤全氮

对 171 个样点统计表明，新垦耕地土壤全氮含量在 0.04~2.25g/kg，平均为 0.72g/kg，变异系数为 59.17%。全市新垦耕地土壤全氮含量主要落在 1.00g/kg 以下，其中，在 0.50~1.00g/kg 的占 47.37%，在 0.50g/kg 以下占 31.58%；两者之和占 78.95%。土壤全氮含量在 2.00g/kg 以上的新垦耕地比例只占 0.58%。总体上，与有机质相似，新垦耕地土壤全氮含量处于中下水平。

第三节 土壤有效磷和速效钾

一、土壤有效磷

结果表明，本次调查的 362 个样点中，新垦耕地土壤有效磷有很大的差异，在 0.00 ~ 938.31mg/kg，其中值只有 0.72mg/kg，平均值为 14.09mg/kg，变异系数达 591.98%。其中有 11.60% 的样点土壤有效磷在检测限以下，有效磷低于 1mg/kg 的样点占比高达 60.22%，低于 5mg/kg 的样点占比高达 87.85%；同时也约有 3.31% 的样点土壤有效磷高达 50mg/kg 以上。总体上新垦耕地有效磷十分低下，有效磷缺乏非常明显。

二、土壤速效钾

对 362 个样品统计，新垦耕地土壤速效钾含量在 20.10~1 028mg/kg，中值为 61.05mg/kg，平均为 99.79mg/kg，变异系数达 246.14%。耕地土壤有效钾处于低级别（<80mg/kg）的达 77.90%，其中低于 50mg/kg 的比例为 35.91%；处于中等（80 ~ 150mg/kg）的占 18.78%；处于高（>150mg/kg）的只占 7.85%，其中速效钾高于 500mg/kg 的 10 个样点耕地分布于滨海滩涂上。由此可见，温州市新垦耕地土壤有效钾总体上趋于低水平和中水平，土壤缺钾问题较为突出。

除以上养分外，温州市新垦耕地盐分也有较大的变化，在 0.00~42.10g/kg，平均为 2.73g/kg，79.60% 的样点土壤盐分在 1.00g/kg 以下。盐分含量在 5g/kg 以上的样点（占 13.16%）基本上位于滨海涂地。

第四节 新垦耕地的质量管理

以上分析表明，温州市新垦耕地肥力质量普遍偏低。为切实贯彻落实《中华人民共和国土地管理法》确定的耕地管理要求，保证耕地的数量和质量可持续发展，针对温州市补充耕地地力较低，并存在对耕地重用轻养、补充耕地项目实施重工程建设轻地力培肥等问题，认为应加大补充耕地地力建设和管理的力度。

一、重视补充耕地地力建设与管理

采取有力措施，从根本上改变对补充耕地地力建设不重视、质量管理不到位的状况。国土资源部门和农业部门要各自履行好职责，密切配合，通力合作，切实加强耕地地力建设，认真做好补充耕地数量和质量管理工作。

二、组织实施好补充耕地项目

要依据土地整理和复垦开发项目有关管理规定和技术标准，在项目申报前，认真搞好项目地点勘查，选择符合农业生产耕地基本要求的地块进行申报；按照项目工程建设标准和农业生产设施配套要求规范项目设计，项目建设要达到符合农业生产条件的基本要求，有条件的地方要将建设占用耕地的耕作层剥离用于补充耕地的土壤改良。农业部门要在项目实施中对培肥地力进行技术指导，项目建设单位在项目建设过程中要充分听取农业部门对补充耕地地力建设的指导意见，消除耕地障碍因素，培肥耕地土壤，为提高农作物产量和质量创造基础条件。

三、规范补充耕地的验收

在补充耕地项目验收前，国土资源部门要充分考虑开展耕地地力评定需要的时间，及时通知农业部门开展补充耕地地力评定工作。严格按照"三统一、三把关"，即"统一验收依据、操作规程、评价标准，严把勘察关、检测关、验收关"的工作要求，根据项目验收要求，组织耕地地力验收评定专家进行实地踏勘、采集土壤样品，经有资质的土壤肥料质量检测机构进行检测出具书面检验报告后，以土壤检测报告为重要依据进行验收，形成补充耕地地力评定意见。国土资源部门和农业部门对补充耕地项目进行验收时，按照补充耕地项目管理和验收的有关规定和规范，依据项目目标和任务、工程建设质量、补充耕地地力评定意见、耕地等级评价结果等，综合评价补充耕地的数量和质量，形成验收结论。对验收不合格的，要提出具体整改意见。项目承担单位整改结束后，国土资源部门和农业部门对整改内容进行重新验收。

四、确保补充耕地地力不断提高

继续加大资金投入，确保补充耕地农田水利设施、道路等基础设施完好，农业部门要加强补充耕地地力建设的服务与管理工作，充分应用已有农业技术成果，指导开展补充耕地地力建设工作，有针对性地提出改良土壤的具体措施，消除土壤障碍因素，改革耕作制度，防止土壤退化和污染，加快补充耕地的土壤熟化进程，不断提高补充耕地地力和农业生产综合能力。同时，做好围垦地土壤质量提升工作。

五、强化监督管理

国土资源部门要进一步加强对土地整理复垦开发项目实施的全程监管，并在项目验收后开展补充耕地的等级监测，掌握补充耕地的等级变化情况。农业部门要在补充耕地项目验收时形成的本底数据基础上，适时开展补充耕地地力监测，及时掌握补充耕地地力变化情况。发现问题要及时提出整改意见，并认真落实，推动补充耕地地力建设与管理上新台阶，保证农业的可持续发展。

第七章　温州市耕地土壤环境质量评价

土壤环境质量是指在一定的时间和空间范围内，土壤自身性状对其持续利用以及对其他环境要素，特别是对人类或其他生物的生存、繁衍以及社会经济发展的适宜程度。土壤环境质量是土壤环境"优劣"的一种概念，它与土壤的健康或清洁的状态以及遭受污染的程度密切相关。近半个世纪以来，温州的社会经济得到了飞速的发展，随之也带来了一定的环境问题，耕地土壤污染呈逐渐增加的趋势。全面开展受污染耕地的安全利用工作，既是保障农产品质量安全和人民群众身体健康的重要举措，也是加强耕地地力建设，改善生态环境，实施藏粮于地战略，全面建设高水平绿色农业强市、实施乡村振兴战略的必然要求。为此，以2015年全国农用地土壤污染状况详查数据为基础，于2020年开始开展温州市耕地土壤环境质量类别划分，把耕地土壤环境质量划分为优先保护类、安全利用类和严格管控类，并建立分类清单，绘制分类图件，落实耕地土壤环境质量分类管控措施。

第一节　耕地土壤环境质量类别划分方法

一、基础数据准备

1. 基础数据

主要收集温州市域涉及的农产品产地土壤重金属污染普查数据、各级土壤环境监测网监测结果以及其他相关土壤环境和农产品质量数据、污染成因分析和风险评估报告等资料。土壤污染源信息包括区域内土壤污染重点行业企业污染情况，农业投入品的使用情况及畜禽养殖废弃物处理处置、固体废物堆存处理处置场所分布及其对周边土壤环境质量的影响情况等。对农业生产状况资料的收集包括区域农业生产土地利用状况、农作物种类、布局、面积、产量、种植制度和耕作习惯等。

2. 土壤点位及数据

根据农用地土壤污染详查数据成果，在温州市详查区域内按照点位的代表性、采样的可行性、布点精度要求共布设点位2 405个。

土壤样点布设按照《耕地土壤污染状况详查点位布设技术规定》要求，根据《耕地土壤污染状况详查点位核实工作手册》，由市级环境保护、农业、国土资源等部门具体负责，县级环境保护、农业、国土资源、工业、水利等部门及乡镇工作人员直接参与，开展耕地土壤污染状况详查点位核实。具体包括：土壤污染重点行业企业核实、土壤污染问题突出区域梳理、耕地详查基本单元划定、耕地详查点位核实调整与补充。温州市级详查负责部门组织专家技术组结合温州市实际情况和要求，优化布点方案，最终形成了温州各县（市、区）耕地土壤污染详查布点方案。

温州市农用地土壤污染状况详查共布设点位2 405个。温州市土壤污染详查样点分县（市、区）分布见表7-1。

表 7-1　温州市土壤污染详查样点县（市、区）分布

县（市、区）	详查样点数（个）
鹿城区	121
龙湾区	128
瓯海区	366
洞头区	29
瑞安市	489
乐清市	366
永嘉县	344
平阳县	205
苍南县	293
文成县	29
泰顺县	35
合计	2 405

3. 农产品点位及数据

根据浙江省统一布点，温州市建立长期定位监测网络，包括常规监测点、综合监测点等，并于2017—2019 年开展了连续三年土壤和农产品监测。

二、划分流程

耕地土壤环境质量类别划分按照浙江省耕地地力与肥料管理总站关于印发《浙江省耕地土壤环境质量类别划分实施方案》的通知进行。具体划分流程见图 7-1。

1. 基础准备

各县（市、区）农业农村部门收集本行政区域基础图集（行政区划、土地利用、土壤类型、地形地貌、水系等），了解工业、农业等土壤污染源信息；收集土壤和农产品监测数据以及区域三产情况等，在此基础上开展耕地土壤环境质量类别划分技术培训，培训内外业操作规范与程序等。

2. 制订实施方案

制订温州市耕地土壤环境质量类别划分实施方案，明确质量类别划分目标任务、工作内容、时间安排等，确定类别划分技术支撑单位。组织指导各县（市、区）农业农村部门开展类别划分工作。对于耕地面积大、安全利用任务重的县（市、区）单独制订实施方案。

3. 开展类别评定

按照《浙江省耕地土壤环境质量类别划分实施方案》和《农用地土壤环境质量类别划分技术指南》等要求，指导各县（市、区）开展类别划分。同时，开展农产品质量状况辅助评定。

4. 边界核实踏勘

对初步划定的安全利用类和严格管控类耕地采取高清遥感图像、无人机等手段，对两类耕地进行现场核查。对严格管控类耕地核实每个地块，完成现场调查表，拍摄每个地块的现场照片。安全利用类耕地完成每个单元现场调查表和拍摄现场照片。同时，按要求进行种植利用现状调查。

5. 形成初步结果

在上述工作基础上，根据国家相关标准将耕地划分优先保护、安全利用和严格管控三个类别，建立耕地土壤环境质量类别分类清单，编制分类统计表、制作耕地土壤环境质量类别划分图集，编

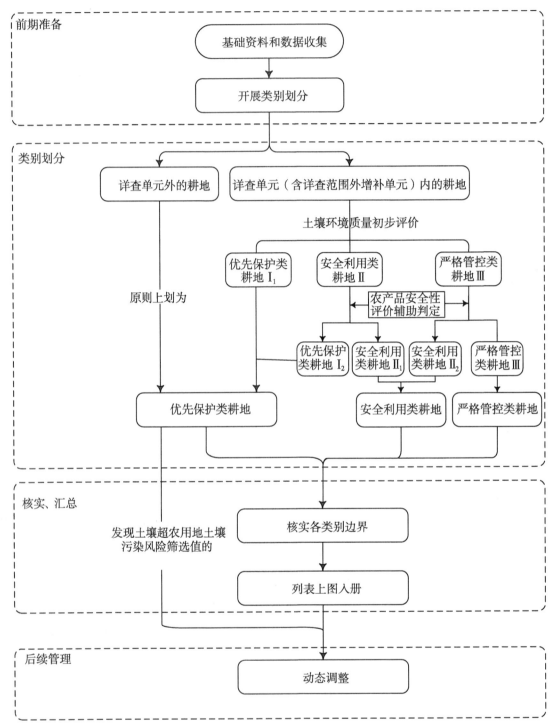

图7-1 温州市耕地土壤环境质量类别划分流程示意

写技术报告和工作报告。由各县（市、区）农业农村局组织自查，根据成果完整性、成果规范性、成果准确性等方面对类别划分成果进行全面自查和总结。

6. 成果验收与审核报送

成果验收后，将最终材料进行审核报送。

三、耕地土壤环境质量类别划分与辅助判定

1. 划分单因子评价单元并初步判定土壤环境质量类别

详查单元是详查布点时基于耕地利用方式、污染类型和特征、地形地貌等因素的相对均一性划分的调查单元。如果详查单元内点位土壤环境质量类别一致，详查单元即为评价单元；否则应根据详查单元内点位土壤环境质量评价结果，依据聚类原则，利用空间插值法结合人工经验判断，将详查单元划分不同的评价单元。尽量使每个评价单元内的点位土壤环境质量类别保持一致。

按照以下四个原则初步判定评价单元内耕地土壤环境质量类别。

（1）一致性原则。当评价单元内点位类别一致时，该点位类别即是该评价单元的类别。

（2）主导性原则。当评价单元内存在不同类别点位时，某类别点位数量占比超过80%，其他点位（非严格管控类点位）不连续分布，该单元则按照优势点位的类别计；如存在2个或以上非优势类别点位连续分布，则划分出连续的非优势点位对应的评价单元。

（3）谨慎性原则。对孤立的严格管控类点位，根据影像信息或实地踏勘情况划分出严格管控类对应的范围；如果无法判断边界，则按最靠近的地物边界（地块边界、村界、道路、沟渠、河流等），划出合理较小的面积范围。

（4）保守性原则。当评价单元内存在不连续分布的优先保护类和安全利用类点位、且无优势点位时，可将该评价单元划为安全利用类。

2. 多因子综合评价初步判定评价单元内耕地土壤环境质量类别

在单因子评价单元划分及耕地土壤环境质量类别初步判定的基础上，采用多因子叠合形成新的评价单元，根据评价单元内部耕地土壤（镉、汞、铅、砷、铬）的环境质量初步判定结果。

3. 耕地土壤环境质量类别的辅助判定原则

对重金属高背景、低活性（仅限于镉，其他重金属不考虑活性）地区，在区域内无相关污染源存在或者无污染历史的情况下，可根据农产品（水稻或蔬菜）安全性评价结果或表层土壤镉活性评价结果，按照谨慎原则，对初步判定为安全利用类或严格管控类的评价单元进行辅助判定。

对土壤镉环境质量评价，有农产品数据的采用农产品安全性评价结果辅助判定，没有农产品数据的采用土壤镉活性评价结果辅助判定；其他重金属仅用农产品评价结果辅助判定；若没有农产品数据，则维持初步判定结果不变。初步判定及辅助判定的结果均需保留。

4. 单因子辅助判定的方法

（1）利用农产品安全性评价结果进行辅助判定。根据评价单元农产品安全性评价结果辅助判定评价单元内耕地土壤环境质量类别，判定依据见表7-2。

表7-2 利用农产品安全评价结果辅助判定评价单元单因子土壤环境质量类别

评价单元土壤环境质量类别初步判定	判定依据（评价单元内或相邻单元农产品重金属超标情况）		辅助判定后单因子土壤环境质量类别
	评价单元内农产品点位3个及以上	单元内农产品点位小于3个	
优先保护类	—	—	优先保护类（I_1）
安全利用类	均未超标	均未超标；且周边相邻单元农产品点位未超标	优先保护类（I_2）
	上述条件都不满足的其他情形		安全利用类（II_1）

（续表）

评价单元土壤环境质量类别初步判定	判定依据（评价单元内或相邻单元农产品重金属超标情况）		辅助判定后单因子土壤环境质量类别
	评价单元内农产品点位 3 个及以上	单元内农产品点位小于 3 个	
严格管控类	未超标点位数量占比≥65%，且无重度超标的点位	均未超标，且周边相邻单元农产品点位未超标	安全利用类（Ⅱ₂）
	上述条件都不满足的其他情形		严格管控类（Ⅲ）

（2）利用土壤镉（Cd）活性评价结果进行辅助判定。如果严格管控类评价单元内没有农产品协同调查点位，则按照单元内耕地土壤镉活性评价结果，辅助判定土壤镉（环境质量类别。辅助判定依据见表7-3。其他重金属单因子土壤环境质量类别不变。

表7-3 利用土壤镉活性辅助判定评价单元土壤镉环境质量类别

评价单元土壤环境质量类别初步判定	土壤 pH 值	单元或区域辅助判定依据	污染风险	辅助判定后土壤镉环境质量类别
严格管控类	pH≤6.5	单元内或区域内所有点位土壤可提取态镉均≤0.04mg/kg	风险可控	安全利用类Ⅱ₂
		其他情形	风险较高	严格管控类Ⅲ
	pH>6.5	单元内或区域内所有点位土壤可提取态镉均≤0.01mg/kg	风险可控	安全利用类Ⅱ₂
		其他情形	风险较高	严格管控类Ⅲ

四、受污染耕地种植现状调查

全国农用地土壤污染详查确定了温州市受污染耕地土壤面积及分布，在全国农用地土壤污染详查结果基础上，针对温州市受污染耕地开展耕地种植利用现状调查，核实详查单元内受污染耕地土壤面积和分布情况，查明温州市受污染耕地种植利用现状，为全面开展温州市受污染耕地分类管控和动态调整工作提供理论基础。

2020 年 5 月上中旬和 6 月上旬，对温州市严格管控类和安全利用类耕地进行了现场踏勘，调查采用手机两步路户外助手导航，结合无人机进行，通过拍照、无人机拍摄照片、制作现场勘查笔记等方法记录踏勘情况，野外现场核实技术流程见图7-2。

详查单元遥感图像　详查单元定位　现场调查单元基础信息　　无人机调查　　现场踏勘调查记录表

图7-2 野外现场核实技术流程示意

现场踏勘内容包括调查区域的位置、范围、道路交通状况、地形地貌、自然环境与农业生产现状等情况，对已有资料中存疑和不完善处进行核实和补充。调查区域土壤污染源情况，主要包括固体废物堆存、畜禽养殖废弃物处理处置、灌溉水及灌溉设施、工矿企业的生产及污染物产排情况等。以全面了解温州市安全利用类耕地的种植利用现状及农产品长势等情况。通过现场踏勘完成温州市安全利用类耕地每个详查单元 1 张调查表和对应的现场照片，严格管控类耕地每个地块 1 张照片。共完成了温州市安全利用类耕地 108 个详查单元调查表和对应的现场照片，严格管控类耕地 27 个详查单元调查表和对应每个地块的现场照片。

五、耕地土壤环境质量类别划分结果汇总

对划分所涉及耕地进行类别编码，并对耕地所属行政区、地理位置、常年主栽农作物、面积及质量类别等信息进行汇总。按镉（Cd）、汞（Hg）、铅（Pb）、砷（As）、铬（Cr）5 种重金属综合类别统计行政区内所有耕地的不同类别的面积与比例，统计表见表 7-4。

表 7-4　温州市行政区内不同类别耕地面积统计

类别	面积（亩）	占行政区内全部耕地面积比例（%）
优先保护类	3 469 020	95.05
安全利用类	178 754	4.90
严格管控类	1 729	0.05
合计	3 649 503	100

第二节　耕地土壤环境质量类别

一、总体情况

划分结果表明，温州市耕地总面积为 3 649 503 亩。其中，优先保护类耕地面积为 3 469 020 亩，其是全市所有县（市、区）耕地的主要环境质量类型；安全利用类耕地面积 178 754 亩，在全市所有县（市、区）都有分布；严格管控类面积 1 729 亩，仅分布在瓯海区、鹿城区、瑞安市、乐清市和平阳县。温州市耕地土壤目标污染物主要为重金属镉，小部分耕地污染物为重金属汞和铅。温州市耕地土壤环境质量整体良好。

二、行政区域内不同类别耕地面积统计

根据《土壤环境质量-耕地土壤污染风险管控标准（试行）》对耕地地力类别的判定方法，对镉（Cd）、铅（Pb）、铬（Cr）、汞（Hg）和砷（As）5 种重金属元素的综合判定结果进行统计分析。

从温州市 5 种重金属综合耕地环境质量类别判定的统计结果可以看出，温州市耕地环境质量类别判定结果属于优先保护类耕地土壤面积为 3 469 020 亩，面积占比 95.05%；5 种重金属综合耕地环境质量类别判定结果属于Ⅱ类安全利用类耕地土壤面积为 178 754 亩，面积占比 4.90%；5 种重金属综合耕地环境质量类别判定结果属于Ⅲ类严格管控类耕地 1 729 亩；占比 0.05%。

温州市耕地土壤环境质量类别按各县（市、区）统计结果见表 7-5。根据各县（市、区）优先保护类、安全利用类和严格管控类三类耕地统计，瓯海区和鹿城区优先保护类耕地分别只占耕地总面积的 57.55% 和 75.85%，其余县（市、区）的优先保护类耕地都占耕地总面积的 90% 以上，

其中泰顺、文成和苍南三县优先保护类耕地占耕地总面积的99%，耕地地力总体优良。安全利用类耕地占比较大的是瓯海和鹿城两区，分别占42.01%和23.74%。瓯海和鹿城两区的严格管控类耕地占0.43%和0.39%，这与两区地处城区，工业发达，历史上工业企业遗留的重金属污染有关。

温州市各县（市、区）严格管控类耕地分乡镇、街道分布情况见表7-6。根据现场调查结果统计，全市严格管控类耕地种植可食农产品面积1 195亩，占严格管控类耕地总面积的69.1%，严格管控类耕地分布在全市19个乡镇街道。

温州市各县（市、区）安全利用类耕地分乡镇、街道分布情况见表7-7。根据现场调查结果统计，全市安全利用类耕地中水田面积为38 397亩，旱地面积为111 870亩，其他为28 487亩，分别占安全利用类耕地面积的21.5%、62.6%和15.9%。安全利用类耕地分布在全市53个乡镇街道。按照县（市、区）统计，瓯海的安全利用类耕地最广，分布在全区12个街道；其次是乐清市、瑞安市和永嘉县，各有6个乡镇街道有安全利用类耕地分布；泰顺县分布范围最少，只有2个镇有安全利用类耕地分布。

表7-5 温州市各县（市、区）耕地土壤环境质量类别评价结果统计表

行政区	优先保护类		安全利用类		严格管控类		面积总计（亩）
	面积（亩）	占比（%）	面积（亩）	占比（%）	面积（亩）	占比（%）	
鹿城区	57 195	75.85	17 902	23.74	294	0.39	75 391
龙湾区	51 213	91.78	4 581	0.08	0	0.00	55 794
瓯海区	75 317	57.55	54 976	42.01	568	0.43	130 860
洞头区	35 564	97.47	924	2.53	0	0.00	36 488
瑞安市	552 839	95.14	27 767	4.78	487	0.08	581 092
乐清市	367 192	91.58	33 567	8.37	182	0.05	400 941
永嘉县	561 800	95.93	23 787	4.06	65	0.01	585 652
平阳县	469 411	98.00	9 422	1.97	134	0.03	478 967
苍南县	525 696	99.38	3 256	0.62	0	0.00	528 952
文成县	393 048	99.65	1 361	0.35	0	0.00	394 409
泰顺县	379 746	99.68	1 210	0.32	0	0.00	380 957
合计	3 469 021	95.05	178 753	4.90	1 730	0.05	3 649 503

表7-6 温州市各县（市、区）严格管控类耕地分布情况

行政区	详查单元数（个）	面积（亩）	种植可食农产品面积（亩）	分布乡镇、街道
鹿城区	4	294	164	藤桥镇、仰义街道、南郊街道和丰门镇
瓯海区	8	568	343	梧田街道、潘桥街道、娄桥街道、新桥街道、三垟街道、丽岙街道
瑞安市	5	487	462	上望街道、塘下镇、桐浦镇、莘塍街道
乐清市	5	182	166	柳市镇、乐城街道
永嘉县	1	65	0	桥下镇
平阳县	4	134	60	水头镇、闹村乡
合计	27	1 729	1 195	

表7-7 温州市各县（市、区）安全利用类耕地分布情况

行政区	详查单元数（个）	水田面积（亩）	旱地面积（亩）	其他（亩）	分布乡镇、街道
鹿城区	17	4 042	11 996	1 864	藤桥镇、仰义街道、南郊街道、丰门镇
龙湾区	7	0	3 224	1 357	海城街道、瑶溪街道、永中街道、状元街道
瓯海区	22	1 389	45 245	8 343	景山街道、新桥街道、娄桥街道、潘桥街道、梧田街道、南白象街道、郭溪街道、瞿溪街道、三垟街道、茶山街道、丽岙街道、仙岩街道
洞头区	2	0	921	3	北岙街道、东屏街道、元觉街道
瑞安市	12	3 238	24 173	356	桐浦镇、塘下镇、莘塍街道、碧山镇、高楼镇、芳庄乡
乐清市	17	12 016	6 708	14 843	淡溪镇、虹桥镇、柳市镇、北白象街道、白石街道、城东街道
永嘉县	16	8 942	14 414	431	巽宅镇、桥头镇、桥下镇、沙头镇、岩坦镇、瓯北街道
平阳县	8	6 714	2 521	187	昆阳镇、水头镇、顺溪镇、万全镇
苍南县	4	575	1 578	1 103	金乡镇、大渔镇、赤溪镇
文成县	1	761	600	0	巨屿镇、黄坦镇、峃口镇
泰顺县	2	720	490	0	泗溪镇、雅阳镇
合计	108	38 397	111 870	28 487	

从结果来看，温州市耕地的污染状况整体良好，大范围为优先保护类，温州市南部苍南、平阳等县的优先保护类耕地分布广泛。安全利用类耕地主要分布在温州市中部。严格管控类耕地零星分布在6个县（市、区）。

三、耕地土壤污染空间分布特征与成因分析

根据温州市耕地土壤环境质量类别分布图与各县（市、区）安全利用类耕地分布分析，温州市安全利用类耕地呈现明显的空间分布规律，主要分布在以温州市区（鹿城、瓯海）为中心，乐清、瑞安和永嘉重点镇为核的分布模式。从污染物的类型分布看，平原区耕地以重金属镉污染为主，城镇附近以重金属镉、汞和铅污染为主，山区以重金属铅污染为主的分布特征。

温州市严格管控类耕地污染可能成因包括工业污染源，系工业活动排放的重金属污染引起，这些地块往往分布在工业企业附近，受到工业排放的直接影响；历史工业活动残留的污染，虽然企业已经关闭或搬迁，但土壤中存在重金属残留；交通活动、河道淤泥、固体废弃物淋溶等成因。

温州市安全利用类耕地分布区往往工业发达、人口密度大，尽管直接排放重金属的工业企业已得到有效治理，工业排放污染源得到控制，但历史上有许多涉重金属的乡镇企业（如电镀），推测潜在污染源可能主要来自工业污染的历史遗留。耕地土壤污染成因与历史上涉重金属工业类型有一定的关系，早期工业生产过程排放的重金属残留是重要成因。针对部分历史上没有工业活动区域，重金属污染可能与大气沉降也具有一定关系。

第三节 耕地土壤环境质量分类管理

一、动态调整

耕地土壤环境质量类别划分完成后，应根据最新土地用途变更情况、耕地土壤环境质量及食用

农产品质量的变化情况（如突发事件等导致的新增受污染耕地或已完成治理与修复的耕地等），对各类别耕地面积、分布等信息及时进行更新，动态调整耕地土壤环境质量类别。根据调查，温州市安全利用类耕地范围内，有一定比例的耕地现已改为建设用地，在今后土地利用类型调整中可结合考虑。此外，建议加强受污染耕地土壤–农产品质量的协同调查与监测，为今后的受污染耕地动态调整提供数据档案。

二、农用地分类管控措施

依据《土壤污染防治计划》和《浙江省土壤污染防治工作方案》等规定实施农用地分类管控，保障农业生产环境安全。对轻中度污染的土壤，制订实施受污染耕地安全利用方案，采取农艺调控、替代种植等措施，降低农产品超标风险；对重度污染土壤，严格管控其用途，依法划定特定农产品禁止生产区域，严禁种植食用农产品；制订实施重度污染耕地种植结构调整计划。

1. 优先保护类耕地

针对优先保护类耕地，实行严格保护，确保其面积不减少、土壤环境质量不下降。除法律规定的重点建设项目选址确实无法避让外，其他任何建设不得占用。同时，制订土壤环境保护方案，高标准农田建设项目要向优先保护类耕地集中的地区倾斜。

政策上，要将未污染耕地纳入永久基本农田，切实加大保护力度。各地农业农村部门要根据《永久基本农田划定工作方案》，积极配合国土资源等部门将符合条件的优先保护类耕地划为永久基本农田，从严管控非农建设占用永久基本农田，一经划定，任何单位和个人不得擅自占用或改变用途。在优先保护类耕地集中的地区，优先开展高标准农田建设项目，确保其面积不减少，质量不下降。高标准农田建设项目向优先保护类耕地集中的地区倾斜。优先发展绿色优质农产品。

技术上，因地制宜推行秸秆还田、增施有机肥、少耕免耕、稻菜轮作、农膜减量与回收利用等措施，提升耕地地力。对于未污染耕地工作重点是实施优先保护，合理实施化肥农药，加强灌溉水的监测，避免在耕作利用中引入重金属造成土壤质量下降。同时布设土壤环境质量监控点位，开展耕地土壤污染和农产品超标情况协同检测，掌握土壤重金属环境质量变化情况。及时排查农产品质量出现超标的优先保护类耕地，及时实施安全利用类措施。

管理上，加大环保监管监测，防控企业污染。推动水利等有关部门和地方加强农田灌溉水检测与净化治理，确保水源符合农田灌溉水质标准，严禁未经达标处理的工业和城市污水直接灌溉优先保护类耕地。配合环保部门加强环境督查，督导地方在优先保护类耕地集中区域严格控制新建涉重金属行业企业，已建成的相关企业应当按照有关规定采取措施，采用新技术、新工艺，加快提标升级改造步伐，构建防控设施，防止对耕地造成污染。

行政上，温州市政府对本行政区域内优先保护类耕地面积减少或土壤环境质量下降的街道，进行预警提醒并依法采取环评限批等限制性措施。同时各部门要全力配合，把工作落到实处。农业农村部门重点加强农田基础设施建设、耕地地力培肥、土壤污染监测等工作；生态环境部门重点是源头防控，包括禁止新建涉污企业、污染企业关停搬迁等；水利部门加强农业灌溉用水的监测等。

2. 安全利用类耕地

根据省市受污染耕地安全利用实施方案，2020年温州市全市受污染耕地安全利用率要达到92%左右。对安全利用类耕地的利用要根据具体的情况具体分析，根据污染元素、浓度及农产品超标情况等采取相应的土壤污染防治策略，通过调整种植结构，选择低累积的农作物种类，降低农产品污染风险；利用农艺调控技术，改善土壤水分和肥料管理，以降低和控制耕地土壤中的重金属含量水平。

针对安全利用类耕地面积大任务重的重点县（市、区），要根据土壤污染状况和农产品超标情况，结合主要作物类型和种植习惯等，制订安全利用方案，重点采取农艺调控、替代种植等措施。

对产出的农产品污染物含量超标的，采取原位钝化、农艺修复、植物提取等治理修复类措施。

安全利用类耕地，在耕地土壤环境质量类别划定现场勘察基础上，进行土地利用方式和农作物种植情况补充调查，根据调查结果将安全利用类耕地分为水稻种植、旱地作物和其他利用（建设用地、园林苗木等）等类型，重点开展水稻、旱地作物（蔬菜）种植区安全利用，按照中轻度污染和农产品超标情况，因地制宜开展受污染耕地安全利用工作，确保农产品不超标。

3. 严格管控类耕地

针对严格管控类耕地，加强用途管理，依法划定农产品禁止生产区域（特定农产品种植结构调整区）；依法划定为特定农产品禁止生产区，对污染特别严重且难以修复的，依规退耕还林或调整用地功能；调整种植结构，对不宜种植食用农产品的重度污染耕地，为确保其农用地性质，用非食用农作物进行替代种植，通过切断食物链以减少重金属对人畜的危害。

集中流转严格管控类耕地，并向土地承包权所有者发放一定的补偿资金；在禁产区内种植的多年生果树，若发现产品重金属存在超标的，由当地镇、街道按合适的价格补偿农户，将其移除。开展土壤和农产品协同监测与评价，根据农产品和土壤监测结果，经论证，按程序进行动态调整耕地类别。并因地制宜制订安全利用或治理方案，实施治理修复。

第四节　污染耕地土壤的改良与修复

在做好污染耕地安全利用的基础上，在条件许可的前提下可开展辖区内污染耕地的改良与修复工作。通过总结国内外土壤修复治理经验，引进并借鉴国内外先进的土壤修复方法，不断完善修复方案，持续改进修复方式，不断提高土壤修复的有效性，逐步解决历史遗留的土壤污染问题。

一、污染土壤修复的现有技术评述

当前，土壤重金属污染治理的方法有淋滤法、客土法、吸附固定法等物理方法以及生物还原法、络合浸提法等化学方法。这些传统的修复方法虽然治理效果好，历时短，但也存在许多缺陷，如成本高，难于管理，易造成二次污染，对环境扰动大，不适合目前耕地土壤重金属污染的治理。至今，在耕地土壤污染的控制和治理技术方面至今仍缺乏成本低廉、简单易行的实用技术。对于耕地土壤重金属污染主要是轻度污染，可考虑施用化学改良剂、施用有机肥料和采取生物改良措施进行试验改良。现有技术的特点及存在问题分析如下。

1. 重金属污染土壤植物修复技术

该项技术是利用植物及根系微生物对重金属的提取、固定、阻隔，实现重金属的萃取、稳定、阻隔，将植物收获并进行妥善处理后可将重金属从土体中去除，达到修复土壤的目的。主要应用于低浓度污染土壤的修复，特别适用于重金属污染农田的修复。而植物种类的选取、收获植物的有效利用或安全处置是技术推广应用的限制因素。该项技术是目前国内外的研究热点，已得广泛研究，但实际应用案例较少，我国也只有极少的实际应用。

2. 重金属污染固化、稳定化、异位填埋、原位封装技术

该项技术是运用物理或化学方法钝化重金属活性，阻止其在环境中迁移、扩散等过程，实现土壤中重金属的解毒或将重金属污染的土壤挖出后运至采取防渗措施的场地进行填埋，再在上面进行防渗和阻隔。目前以稳定化为主，且更多的应用于低浓度重金属污染土壤，且处理后土壤仍保留部分土壤功能。但高性价比稳定化材料、长期稳定性和修复效果后风险评估是技术实际应用的瓶颈问题。该项技术已在国外得到实际应用，但在我国实地应用极少、未来在国内很有应用前景。

3. 污染场地／土壤制度控制技术

该项技术是一类非工程技术手段，主要是利用行政或法律控制等手段，限制污染场地土地资源的使用，以最大限度地减少人员接触污染造成风险的可能性。本项技术具有成本低、操作简单等优点，实际应用中通常需要与主动修复措施或工程控制措施配合使用。在污染场地管理较为先进的国家已得到广泛应用，但在我国，目前尚未形成与之相配套的制度控制体系，因此尚没应用。

4. 有机污染场地土壤焚烧技术

该项技术是使高分子量的有害物质分解成低分子的烟气，经过除尘、冷却和净化处理，使烟气达到排放标准，实现有机污染土壤修复。广泛适用于有机污染土壤的修复，其技术瓶颈是尾气中二噁英处理。

5. 重金属污染土壤化学淋洗技术

该项技术主要是通过解吸、反络合及溶解作用，将土壤中的重金属转移至液相的淋洗液当中，再对淋洗液进行循环利用或处理，对重金属进行回收或处置。适宜于处理砂砾、沙以及黏度较小的污染土壤。该项技术可单独使用，也可作为前处理技术，联合其他方法使用。与目前其他常用的重金属修复技术相比，具有高效、处理量大、无二次风险等优点。

6. 可变价态重金属污染土壤氧化/还原调控技术

该项技术主要是向重金属污染土壤中添加一种或多种氧化性或还原性物质，通过改变其在土壤中的化学形态和赋存状态，降低其可移动性和生物有效性，达到降低毒性、修复污染土壤的目的。具有简单、快速、高效、修复成本较低等优点，适宜于大面积应用，特别适用于中低浓度场地重金属污染土壤和农田土壤的修复，可保障农产品的安全生产。已在国外大量应用，但在我国仍处于实验室研究阶段，极少实地应用。

7. 重金属污染土壤电动（分离）修复技术

该项技术是在土壤/场地中施加直流电，使两电极之间形成直流电场，通过电泳、电迁移、电渗析等电动效应，驱动重金属离子沿电场方向迁移，从而将污染物富集至阴极区，将污染物集中到某一区域，集中处理或去除。主要应用于高浓度污染场地/土壤修复，适用于透气性较好的土壤。目前多处于实验室研究，工程应用的案例较少。

二、适合污染农田土壤的修复思路

1. 工程措施

主要适于污染较为严重的耕地土壤。工程措施主要包括客土、换土和深耕翻土等。深耕翻土一般用于轻度污染土壤，而客土和换土是重污染区的常用方法。工程措施具有彻底、稳定的优点，但工程量大、投资高，易破坏土体结构，引起土壤肥力下降，为避免二次污染，还要对污染土壤进行集中处理。因此，只适用于小面积严重污染土壤的修复。

2. 农业生态修复技术

农业生态修复主要包括两个方面：一是农艺修复措施，包括改变耕作制度，调整作物品种，种植不进入食物链的植物或低污染物吸收植物；选择能降低土壤重金属污染的化肥，或增施能固定重金属的有机肥等措施，来降低土壤重金属污染及其对农产品的影响。另外，在污染严重情况下施肥、使用农药、搭配种植等农艺措施，可显著增加植物对农田中重金属的吸收，从而提高植物修复效率。二是生态修复，通过调节诸如土壤水分、养分、pH 值和氧化还原状况及气温、湿度等生态因子，实现对污染物所处环境介质的调控。该技术成熟、成本较低、对土壤环境扰动较小等优点，但修复周期长，效果不显著。

3. 化学修复技术

施用改良剂，原位固定。目前广泛使用的钝化修复剂主要包括硅钙物质、含磷材料、有机物料、黏土矿物、金属及金属氧化物、生物碳及新型材料等。

第八章 温州市耕地地力提升与保育技术

前几章分析表明，温州市耕地土壤酸化明显，部分土壤有机质偏低，并存在盐渍化和养分不平衡等问题，因此，如何治酸、提升和维持土壤有机质及降低土壤盐分、科学施肥是该市耕地地力管理的重要内容。

第一节 土壤有机质的维持与提升技术

影响土壤有机质积累的因素众多，提升土壤有机质的过程较为复杂。因此，了解土壤有机质提升过程中的关键问题，对做好耕地土壤有机质提升工作有重要指导意义。

一、有机肥施用对土壤肥力的影响

提高土壤有机质的目的是增加土壤保肥供肥性能和土壤保蓄性能，改善土壤通透性。施用有机肥是土壤肥力提高和作物持续高产的基础，它不仅使土壤有机质数量增加，质量改善，而且可有效提高土壤有益微生物的数量和土壤酶的活性。增施有机肥是提高耕地土壤有机质含量的基础和保障。

1. 对土壤养分的影响

腐殖质是土壤有机质的主体，对于土壤中养分的积蓄、良好结构的形成以及土壤中有害物质毒性的消除等均具有重大的意义。施用有机肥和有机无机配施能够增加松结态、稳结态、紧结态腐殖质的总量，提高松/紧比值，而这也正是有机肥能够培肥土壤的重要原因之一。有机肥-化肥混施的土壤大团聚体含量较多，团聚体稳定性较好，有机质含量较多，土壤容重较小，孔隙搭配合理，水肥能得到有效利用。

土壤中的 NO_3-N 是植物利用氮素的主要形态，但由于这一形态不易被土壤胶体吸附，一旦氮肥施用过量，氮素就会淋失。有研究表明，不同的有机肥施入量对设施土壤各个土层硝酸盐的累积和淋失影响不同，适宜的有机肥施用会提高土壤的养分状况，增强土壤的氮素供给能力及氮肥利用效率，减少 NO_3-N 的累积和土壤剖面 NO_3-N 的垂直迁移。施用高 C/N 比的牛粪或秸秆可调节土壤 C/N，有利于降低氮素的淋失量，从而减少氮素的损失。有机无机氮肥配施可以不同程度降低土壤中硝酸盐含量，减少硝酸盐的淋溶。

土壤磷素可分为有机和无机 2 种形态，其中无机磷占土壤全磷的 60%~80%。磷肥施入土壤后极易被固定，增施有机肥有利于土壤无机磷向有效态转化，不但会增加土壤无机磷有效态组分的供应强度，还增加了其供应容量，而且 Fe、Al、Ca 氧化物被腐殖质包裹形成保护层而降低 P 的吸附，极大地提高了无机磷的有效性。无机肥基础上增施少量优质有机肥不仅能有效提高土壤全磷、无机磷、有机磷及无机磷组分的含量还提高了有效磷源和缓效磷源在无机磷中的比例，增施有机肥可以改善供磷水平。

2. 调节土壤理化性质

有机质可以保持土壤 pH 值稳定，减缓土壤的酸化进程，增加土壤中>0.25mm 的水稳性团聚体的数量，提高土壤碱解氮、有效磷和速效钾含量，改善根际环境，增强土壤保肥供肥能力。施用有机肥后土壤容重降低，致使有效水分、导热率和气体比例得到改善，促进作物生长发育。研究表明，施用秸秆等有机肥能促进土壤耕层 0~20cm 有机碳含量增加，可明显降低 0~10cm 土壤容重，提高贮水量，有利于土壤养分的形成、转移和吸收，提高肥料利用率；同时，土壤紧实度降低，改善土壤中土粒间松紧程度，致使土壤氧气供应充足，植物根系延伸阻力减小。

有机肥的施用可增强土壤的保水性和固氮能力，有利于水肥的耦合；增加土壤有机碳、非水稳性团体、水稳性团聚体的含量，有效地提高土壤团聚体的稳定性，改良土壤结构。土壤颗粒有机物是土壤有机质的重要组成部分，而后者对增强土壤中土粒的团聚性、促进团粒结构的形成、调节土壤通气性，以及提高土壤肥力和生产力具有不可替代的作用。

二、评价土壤有机质质量与数量的方法

对土壤有机质的研究一般可从数量与质量二个方面进行评价。其中土壤有机质总量是衡量土壤有机质积累状况最为方便的方法，并得到广泛的应用。近年来的研究表明，土壤中的活性有机质组分具有较高的活性和动态性，与土壤有机质总量比较，活性有机质组分更可能作为土壤质量变化的敏感指标，它们在养分循环和维持生态功能中发挥着更为重要的作用。土壤有机质各组分的转化过程和存留时间有较大差异，所以根据土壤有机质稳定性和转化时间的差异，可把土壤有机质分为活性的（易变的）和稳定的组分。一般认为，活性的有机质组分包括植物残留物、轻组分、微生物生物量碳、动物生物量碳及其排泄物、其他非腐殖物质等，其分解速度快，转化周期通常为几周到几个月的时间。稳定有机质组分是指矿化速率很低的土壤腐殖质部分，在土壤中能保存几年、几十年，或更长时间。活性有机质组分比非活性有机质组分在土壤养分循环中更为重要。目前，用于评估土壤中活性有机碳的主要指标有：用 0.333mol/L 高锰酸钾氧化法测定的土壤中易氧化有机碳，采用 Cambardell 和 Elliott 的方法分离测定土壤颗粒态有机碳（粒径大于 53μm 土壤颗粒中的有机碳），利用一定密度的重液（例如密度为 1.8g/cm³ 的 NaI 溶液）分离测定土壤中轻组分有机碳（介于新鲜作物残体和稳固态有机碳之间的一种过渡状态），采用氯仿熏蒸-硫酸钾提取法测定的土壤微生物生物量碳（MBC），用去离子水浸提的土壤水溶性有机碳。

另外，Lefroy 等（1993）综合了土壤有机碳的总量与活性，首次提出了土壤碳库管理指数（CPMI）的概念。研究表明，土壤碳库管理指数可有效地反映土壤中有机物质的转化速率，它是比土壤有机碳总量更能作为土壤质量变化的敏感指标，并被广泛应用于施肥对土壤碳库影响的研究。土壤碳库管理指数的计算如下：碳库管理指数（CPMI）＝碳库指数（CPI）×碳库活度指数（AI）×100。其中，碳库指数（CPI）＝样品总碳含量（g/kg）/对照土壤总碳含量（g/kg）；碳库活度指数（AI）＝样品碳库活度（A）/对照土壤碳库活度；碳库活度（A）＝土壤活性有机碳含量（g/kg）/土壤非活性有机碳含量（g/kg）。总碳与活性碳的差值为非活性碳。碳库管理指数计算中的活性有机碳多指易氧化有机碳。在进行土壤有机质提升效果时，可根据需要选择土壤有机质总量、活性有机质组分或碳库管理指数等进行评价。

三、土壤有机质提升目标的设定

现有的研究表明，土壤有机质的积累不是无限度增加的，而是存在一个最大的保持容量（也称为饱和水平）。当初始土壤有机质含量远离饱和水平时，有机质有较大的增加潜力；但当土壤有机质接近饱和水平时，增加外源有机质的投入将不再增加土壤有机质库。无论是从减排大气 CO_2 的角度，还是从农业耕地地力提升的角度，人们都非常关心土壤有机质的积累潜力。因此，如何准确地评估土壤有机质的积累潜力已成为许多领域关心的问题。由于土壤性状、环境条件、土地利用方式的差异，不同地区、不同土壤的有机质积累潜力可有很大的差异，其主要有生物潜力、物理化学潜力和社会经济潜力等几个方面构成。生物潜力与进入土壤的有机质源数量有关，主要与气候条

件、外源有机物质投入量有关，它是土壤固碳的主要动力；物理化学潜力与土壤中有机碳的稳定机制有关，主要与粉砂、黏粒结合的化学稳定性、与微团聚体结合的物理稳定性和与有机质本身性质成分有关的生物学稳定性等有关；社会经济潜力与土壤管理措施等有关。某一特定年份土壤有机质的含量实际上是土壤与环境因素平衡的结果，是在自然和人为因素共同作用下形成的，其有机质含量取决于影响土壤的所有因素，可用函数表示为：土壤有机质 = f（土壤性状，土地利用方式，有机物质投入水平，气候，施肥水平，其他农业管理措施，⋯⋯）。目前，在土壤有机质提升工作中，有机物质的投入已引起足够的重视，但常常忽略了其他环境条件对土壤有机质积累的作用或影响。一般来说，有机质投入越高，土壤有机质积累潜力越大；黏质土壤的有机质积累潜力高于砂质土壤；潮湿/湿润地区的土壤比干旱地区的土壤更易积累有机质，水田土壤比旱地土壤容易积累有机质；水网平原、河谷平原农田土壤有机质积累潜力高于滨海平原和丘陵山地。

近几十年来，研究者已提出了许多土壤有机质积累潜力的计算方法，代表性的方法包括长期定位实验结果外推法、历史观察数据比较法、土地利用方式对比法和土壤有机碳（SOC）周转模型法等，其中前三种方法需要有长期的试验积累，后一种方法需较为详细的基础数据。但在实际工作中，由于对各类土壤有机质可提升的潜力（目标值）认识的模糊，使土壤有机质提升工作带有一定的盲目性和不可预测性。由于各地、各类土壤所处环境、利用方式和土壤性状的差异，各类土壤有机质提升目标的设定应该有所不同。在缺乏试验数据的情况下，可以当地同类地貌类型、相同利用模式、相同土壤类型及相似管理水平的肥力较高的土壤有机质水平作为土壤有机质提升的目标。

四、耕地土壤有机质提升最低有机物质投入量的估算

在进行耕地土壤有机质提升时，有机物质的投入是必需的。为了便于理解，本章把为提高耕地地力的有机物质投入量分为二个方面。一是为维持土壤本身有机质所需要的有机物质投入量，二是为提高土壤有机质水平需要投入的土壤有机物质量，后者将在下节讨论。

由于土壤本身的有机质存在矿化（分解）现象，即每年都有一定数量的土壤有机质将被矿化，只有每年投入的有机物质转化形成的土壤有机质的数量超过了因矿化损失的土壤有机质的数量，才能使土壤有机质的水平得以维持或提高。因此，确定这一为维持耕地土壤有机质水平所需要的最低有机物质投入量非常重要。

目前关于土壤有机质平衡研究的方法可分为以下 4 类。①普通方法（平衡法）：根据农田有机质"进去"与"出来"的量，建立适当的模型，进行计算。②碳同位素标记法：常用的同位素是 ^{13}C 和 ^{14}C。同位素标记可以清楚地获得碳流向和碳通量，为碳循环的深入研究、模型的细化以及参数的确定提供了科学的方法，因此得到广泛的应用。③转化模型与计算机模拟法：Jenny（1941）较早提出有机碳变化模拟模型：$dC/dt = A - kC$。式中，C 为土壤中有机碳含量；t 为有机碳变化的时间（年）；A 为每年加入土壤中有机物碳质量；k 为土壤有机碳的年矿化率（每年的分解比例）。在此基础上，Hemin 等（1945）提出简单的土壤有机碳分解模型：$dC/dt = fP - kC$。式中，P 为新鲜有机碳的输入量；f 为腐殖化系数；k 为土壤有机碳的矿化率；C 为土壤有机碳初始含量。从 20 世纪 70 年代开始，土壤有机碳模拟模型成为土壤学家研究的重要领域。目前，除了英国洛桑 Rothc 和美国 CENTURY 模型外，在 20 世纪具有一定影响的模型包括：DNDC、CANDY、DAISY、NCSOIL、SOMM、ITE、Q-SOIL、VVV、SCNC、ICBM、ROMUL、ECOSYS 等。Rothc 模型由英国洛桑试验站建立，该模型中把根据土壤有机质的稳定性把土壤有机质分为多个组分，需要详细的土壤分析数据。CENTURY 模型是美国科罗拉多州立大学于 20 世纪 80 年代建立的，用于模型研究生态系统中 C、N、P、S 等元素的长期演变过程，预测量需要土壤质地、土层厚度、土壤容重、pH 值、气象参数（以月为步长）、初始土壤有机质参数和管理参数（包括种植作物种类、耕作方式、施化肥种类数量、收获作物方式、施用有机肥种类数量、作物开始生长时间、作物结束生长时间）等

多方面的数据。

根据当地土壤有机质含量、有机质年矿化率和进入土壤有机物质的腐殖化系数可确定维持耕层土壤有机质平衡的有机物质的用量。土壤有机质年变化量=有机质的补充量-有机质分解量，即 $dc=A-rC$。式中，dc 表示土壤有机质的变化量；A 表示有机质的补充量；r 表示土壤有机质年矿化率；C 表示土壤有机质量。当土壤有机质达到平衡时，$Ce=A/k$（Ce 为平衡时土壤有机碳的数量）；而式中 $A=fP$（f 为有机物料的腐殖化系数，P 为每年进入土壤的有机物料中碳的数量）。例如土壤原有机质含量为 20g/kg，每公顷耕层中有机质数量为 45 000kg，若年矿化率为 2%，则每年消耗的有机质量为 900kg。若有机质的腐殖化系数为 0.25，则每公顷需加入 3 600kg 有机肥才能达到土壤耕层有机质平衡。

依照生态平衡和经济环保的原则，综合考虑维持耕层土壤有机质平衡、有机肥用量上限和秸秆还田量，采用同效当量法，可确定商品有机肥用量。计算公式：$M=[WkC-f_1R]/f_2R$。式中，M 为有机肥施用量（kg/hm²）；W 为单位面积耕层土壤质量（kg/hm²）；k 为土壤有机碳年矿化率（%）；C 为原土壤有机碳含量（g/kg）；f_1 为根茬的腐殖化系数（%）；R 为耕层中根茬量（kg/hm²）；f_2 为施入有机肥的腐殖化系数（%）；R 有机肥中有机碳的含量（%）。在计算时，一般都是把有机物质量统一折算为有机碳量。土壤有机质矿化系数和投入土壤有机物质的腐殖化系数可通过试验或引用相关文献获得。

五、提升土壤有机质的有机物质投入估算

除以上为保持土壤有机质水平而需要投入的有机物质外，为达到有机质增加的目的，还需要在保持土壤有机质水平需投入有机物质水平的基础上，根据提升目标，增加有机物质的投入。土壤有机质的增加量（指已有为维持土壤有机质现状的有机物质投入的前提下）可按下式估算：$C_{增加}=A_1f_1+A_2f_2+\cdots$。式中，$A_1$，$A_2\cdots$ 是补充的各种有机物投入量，f_1，$f_2\cdots$ 为各种补充有机物料的腐殖化系数。也可利用上式反推在每年设定有机质增量所需要的有机物质投入量。若 1hm² 土重 225 万 kg（土层 20cm，容重 1.13g/cm³）；某一研究土壤有机质含量为 11.36g/kg，有机物料的年腐解残留率（腐殖化系数）以 0.25 计算，欲使该土壤有机质从目前的含量（12.00g/kg）提高到 14.00g/kg，则每年需向土壤额外（为维持土壤有机质水平而需要施用的有机物质外）投入有机物料（干）18 000kg/hm²［（2 250 000×（14-12）÷0.25÷1 000）］。按折干率为 60% 计算，则需年投入生料有机质 30 000kg/hm²。

农田每年实际有机物质投入量应是以下两部分之和：即耕地土壤有机质提升最低有机物质投入量和每年有机质设定增量所需要的有机物质投入量。在施用有机物料情况下，土壤有机碳的积累可按下式估算：$C=C_e+(C_0-Ce)e^{-rt}$。式中，C 为时间 t 年时土壤有机碳含量（g/kg），C_0 为试验初期土壤有机碳含量（g/kg），C_e 为平衡时土壤有机碳含量（g/kg）。

六、影响耕地土壤有机质提升的因素

土壤有机质的积累除与当地气候有关外，农业管理也是影响土壤有机质转化循环的另一个重要因素，它可以改变土壤有机质的循环过程和强度，最终影响有机质的平衡水平。对于特定地区，气候条件相对稳定，农业措施是影响土壤有机质积累的主要因素。常见的农业措施主要有施肥、利用方式、耕作制度等。

1. 施肥

施肥是对耕地地力影响最广泛的农业措施，农业上施用的肥料包括化肥和有机肥等。施肥对土壤有机质的影响大致与以下 3 个方面有关：①施肥促进了农作物的生长，增加了生物产量，从而增加了以根系及地上部分还田方式进入土壤的有机物质量；②施肥改变了土壤养分状况，特别是氮肥

改变了土壤的 N/C，直接影响微生物对土壤有机质的矿化与同化；③有机肥的施用直接影响了有机物质的输入量。

我国的长期定位试验表明，施用有机肥和化肥对土壤有机质的影响因土壤类型、肥料种类和作物轮方式等而异。一般来说，单施有机肥、氮磷钾化肥配施或有机-无机肥料配合施用均可增加土壤有机质含量，在低有机质土壤上的增加效果尤为明显；同时施氮磷肥或氮钾肥，土壤有机质也略有增加；单施氮肥、磷肥、钾肥或磷钾配肥，有时会导致土壤有机质的下降，但下降幅度小于无肥区。不施肥料可导致土壤有机质迅速下降，但下降速度经过一段时间后减慢，并趋于平衡。有机肥料种类不同时对土壤有机质积累的影响也不相同，一般是秸秆的效果大于厩肥，厩肥的效果又大于堆肥，绿肥的效果较差。无机化肥提高土壤有机质的原因，主要是化肥使作物繁茂，根茬、枝叶等残留量增多。长期施肥改变土壤有机质含量的同时，也使有机质在剖面中的分布发生变化，影响深达 100cm，但 60cm 以上土层变化明显。长期施用有机肥料或氮磷钾肥配合施用，不但增加土壤有机质的数量，同时还能改善和提高土壤有机质的质量，提高腐殖质含量，但有机肥对土壤腐殖质的积累作用大于氮磷钾化肥。

2. 耕作

耕作是在农业生产中为了达到持续高产所采取的技术措施。其对土壤的作用包括以下 5 个方面。①松土：调节土壤三相比的关系；②翻土：掩埋肥料，调整耕层养分垂直分布，消灭杂草和病虫害；③混土：使土肥相融，形成均匀一致的营养环境；④平地：形成平整表层，便于播种、出苗和灌溉；⑤压土：有保墒和引墒的双重作用。常见的耕作法主要有：平翻耕法，是我国典型的精耕细作模式，包括基本耕作（深度 20~25cm）、表土耕作（耙地、耱地、压地）及中耕（在作物的生育期间进行的一种表土耕作措施，其作用在于消灭杂草，疏松土壤，促进作物根系生长）；少耕法与免耕法，由 20 世纪 20—30 年代兴起与发展而来，60—70 年代引起人们的普遍重视，目前已在许多国家进行试验或推广。其中，少耕法为尽量减少土壤耕作作业的次数，一次完成多种作业，以减轻风蚀和水蚀。免耕法除将种子放入土壤中的措施外，不再进行任何耕作。

一般来说，频繁的耕作可促进土壤有机质的矿化，而免耕则有利于土壤有机质的积累。免耕土壤的有机质垂直方向上差异明显，而经常耕作的土壤，有机质在耕作层上分布较为均匀。耕作改变土壤有机质主要与以下 2 个方面有关：①耕作改变了土壤团聚体的结构，改变了土壤的温度状况，影响了土壤有机质的物理稳定性，从而改变了土壤有机质的矿化速率；②耕作改变了土壤侵蚀的潜力，影响了土壤有机物质的损失。此外，由于土壤有机质有沿垂直方向下降的特点，土壤深耕可能会引起耕作层内土壤有机质含量的下降。另外，在土地平整时，如果没有采取必要的措施保护耕作层，其可能会导致土壤耕作层有机质急剧下降。

3. 土地利用

土地利用是指在一定社会生产方式下，人们为了一定的目的，依据土地自然属性及其规律，对土地进行的使用、保护和改造活动，是人们对土地经营方式的一种选择。土地利用方式可影响土壤的功能和性质，能增加或降低土壤碳的数量，并改变微生物多样性，使土壤成为碳的来源，从而影响着大气中 CO_2 的浓度。不同的土地利用方式对施肥、耕作、水分管理等有不同的要求，因此，土地利用方式的变化可对土壤养分平衡、有机质的输入与输出、土壤温度、土壤水分条件产生极大的影响。

从国内外众多的土地利用方式对土壤碳库的影响研究中大致可以获得以下结论：与自然林地比较，农业用地的土壤有机质明显低于林地；双季稻与水旱轮作农田土壤有机质明显高于相应的旱地，浙江省第二次土壤普查的调查表明，水田土壤有机质比相应的旱地高 30%~100%。

由于不同土地利用方式之间的土壤有机质存在不同的有机质平衡过程，因此当土地利用方式发生改变时，土壤有机质可在短时间内发生明显的变化。一般是在土地利用方式发生转变初期（5~7

年内）土壤有机质变化最为明显；15~20年，土壤有机质变化趋于平缓，并可能在20~50年内达到一个新的平衡水平。例如水田改旱种植蔬菜等可引起土壤有机质的下降，其中大棚蔬菜地因温度较高，其有机质下降更为明显。

4. 时间

土壤有机质的提升是一个长期、逐渐缓进的过程，因此，在进行区域耕地土壤有机质提升时必须有一个长远计划。在设定年度有机质提升计划时，提升目标不宜过高，确定一个合适、可行的年度有机质提升量非常重要。另外，土壤有机质的提升并不是一劳永逸的，在完成某一有机质提升工程项目后，还需要继续做好土壤有机质的维持工作，否则提升后的耕地土壤有机质会发生重新下降。

七、有机质提升途径

土壤有机质提升的方法如下。

1. 种植绿肥

有针对性地发展种植冬季绿肥、夏季绿肥，稳定和提高绿肥种植面积。冬绿肥主要以紫云英为主，适当兼顾黑麦草、蚕豌豆、大荚箭舌豌豆等菜肥兼用、饲肥兼用、粮肥兼用的经济绿肥。扩大种植如印尼绿豆、赤豆等夏绿肥，逐步建立粮-肥（经、饲）种植模式，或果园套种模式。

2. 农作物秸秆还田

秸秆还田是当今世界普遍重视的一项培肥地力的增产措施，同时也是重要的固碳措施。随着经济的发展和城乡居民生活水平的提高，曾经是燃料的农作物秸秆成了多余之物，有些农民由于怕麻烦，不愿将它还田，直接在田里焚烧，既浪费资源又影响环境。农作物秸秆含有作物生长所必需的全部16种元素，作物秸秆还是土壤微生物重要的能量物质，所以大力推广秸秆还田技术，不仅能增加土壤养分还能促进了土壤微生物活动，改善土壤理化性状，推广农作物秸秆还田是增加土壤有机质含量，提高土壤地力的有效措施。

农田土壤有机碳变化取决于土壤有机碳的输入和输出的相对关系，即有机物质的分解矿化损失和腐殖化、团聚作用累积的动态平衡与土壤物质迁移淀积平衡的统一。秸秆进入土壤后，在适宜条件下向矿化和腐殖化两个方向进行。矿化，就是秸秆在土壤微生物的作用下，由复杂成分变成简单化合物，同时释放出 CO_2、CH_4、N_2O 和能量的过程；腐殖化，是秸秆分解中间产物或者被微生物利用的形成代谢产物及合成产物，继续在微生物的参与下重新组合形成腐殖质的过程。秸秆在微生物分解作用下，其中一部分彻底矿化，最终生成 CO_2、H_2O、NH_3、H_2S 等无机化合物。一部分转化为较简单的有机化合物（多元酚）和含氮化合物（氨基酸、肽等），提供了形成腐殖质的材料。少量残余碳化的部分，属于非腐殖物质，由芳香度高的物质构成，多以聚合态与黏粒相结合而存在，且相互转化。秸秆降解首先形成非结构物质，主要是较高比例的纤维素、木质素、脂肪、蜡质等难于降解的有机物，其中大部分转化为富里酸（FA），进而转化为胡敏酸（HA）。分解产物对土壤原有腐殖质进行更新，从腐殖质表面官能团或分子断片开始，逐步进行。非结构物质可与腐殖酸的单个分子产生交联作用，在一定条件下，交联的复合分子可进入腐殖质分子核心的结构中。就秸秆还田的效果来看，目前多数研究均倾向于秸秆还田能够提高土壤有机碳的含量，特别是秸秆和有机肥配合，效果更显著。

在实际应用时，宜重点推广晚稻草覆盖冬绿肥、冬作蔬菜等秸秆综合还田技术。示范推广高留茬、机械粉碎、免耕整草还田和旋耕埋草等多种秸秆还田技术；推广秸秆整草覆盖果园；开展秸秆快速腐熟等新技术示范研究。实行农作物秸秆的半量、全量还田，建立适用于不同地区、不同作物、不同类型的秸秆还田综合利用模式。

3. 使用商品有机肥

当前生产上使用的商品有机肥主要有两种：一是以城市生活垃圾为主生产的有机肥，二是规模畜禽养殖场的粪便，但这两种商品有机肥使用的覆盖面都不广，主要是一些蔬菜种植大户在用，而对广大的水稻种植散户由于种植面积小加上效益不高，几乎无人应用。近年来，利用畜禽养殖粪便源制作有机肥已成为有机肥的重要内容，畜禽的粪便进行简单的处理后即是一种很好的肥料，因此在畜牧养殖小区建设时相应配套一个畜禽粪便处理场所，大力推行畜禽粪便综合利用。

4. 积造农家肥

进一步推进和完善新农村建设，为积造农家肥创造条件，同时进一步转变广大农民的观念，牢固树立更加科学的观念，为积造和推广使用农家肥营造良好的氛围。在畜禽养殖小区开展粪便初制发酵还田试点，既能增加农田有机肥投入，又能减轻畜禽养殖所带来的环境污染问题。同时鼓励群众施用猪栏肥、土杂肥。

从一些试验研究结果来看，有机质提升区域每年应投入有机肥料1 000kg/亩以上；有机质保持区每年有机肥料投入量在750kg/亩以上。

八、耕地土壤有机质提升的综合技术

国内外的研究表明，退化土壤中有60%~70%的已经损耗的碳可通过采取合理的农业管理方式和退化土壤弃耕恢复而重新固定。这些方法包括土壤弃耕恢复、免耕、合理选择作物轮作、冬季用作物秸秆覆盖、减少夏季耕作、利用生物固氮等。从以上讨论可知，影响土壤有机质因素很多，因此在制定土壤有机质提升方案时除做好有机物质的投入工作外，还应有其他配套措施，采取综合措施才能有效地达到提升土壤有机质的目的。

1. 因地制宜推行各种有机物质投入技术

各种有机物料的投入都可能增加土壤有机质的积累。因此，在保证环境安全的前提下，可因地制宜地选择当地各种有机物源开展土壤有机质的提升。相关技术包括秸秆还田技术、商品有机肥施用技术、绿肥种植技术等。

2. 实施测土配方施肥技术

测土配方技术是国际上普遍采用的科学施肥技术之一，它是以土壤测试和肥料田间试验为基础，根据作物的需肥特性、土壤的供肥能力和肥料效应，在合理施用有机肥的基础上，确定氮磷钾以及其他中微量元素的合理施肥量及施用方法，以满足作物均衡吸收各种营养，维持土壤肥力水平，减少养分流失对环境的污染，达到优质、高效、高产的目的。施用合适的N、P、K配方的肥料，也可优化土壤养分，促进土壤中碳、氮的良性循环，也能达到维护或提高土壤有机质的目的。其中，做好化肥与有机肥的配合施用非常重要。

3. 推广土壤改良技术

土壤有机质的积累除了与有足够的有机物质投入有关外，还需要有一个良好的土壤环境。土壤过酸、过碱、盐分过多、结构不良都会影响土壤中微生物的活动，从而影响土壤有机质的提升。因此，在开展耕地土壤有机质的提升时，也应同时做好土壤改良工作，消除土壤障碍因素，达到土壤有机质良性循环的目的。

4. 合理轮作和用养结合

近年来，某些地区农作物复种指数越来越高，致使许多土壤有机质含量降低，肥力下降。实行轮作、间作制度，调整种植结构，做到用地与养地相结合，不仅可以保持和提高土壤有机质含量，而且还能改善农产品品质，对促进农业可持续发展，具有重要的意义。此外，冬季增加地表覆盖度（或种植绿肥），推行少耕免耕、控制水土流失也可降低土壤有机质的降解、促进土壤有机质的提升。据国内外研究，在旱地上发展灌溉可大大增加土壤中有机质的积累。另外，在培肥地力时必须加强地力监测，长期、定位监测在不同施肥方式下耕地地力的变化态势，及时调整农田的施肥指导方案，从而实现对耕地地力的动态管理。同时，在进行土壤有机质提升时还需通过加强农田基础设施建设，增加田块耕层厚度，达到扩大土壤有机质容量的目的。

总之，在耕地地力提升时，应扩大绿肥种植和农作物秸秆还田面积，增加商品有机肥投入，实施测土施肥技术等多种途径，提升土壤有机质含量，提高土壤保肥供肥性能，最终达到为土壤"增肥"的目的。

第二节　耕地土壤酸化的预防与修复技术

采取积极、有效的措施从根本上防止耕地土壤酸化已经是温州市耕地土壤管理刻不容缓的重要问题。本节在分析耕地土壤酸化机理、危害及影响因素的基础上，从预防与修复二个层面探讨了防控耕地土壤酸化的技术措施。

一、土壤酸化的机理及其危害

1. 土壤酸化的机理

土壤酸化是指土壤中氢离子增加的过程或者说是土壤酸度由低变高的过程，是土壤形成与发育过程中普遍存在的自然过程。土壤酸化始于土壤中活性质子（氢离子）的形成，土壤中氢离子的来源很多，主要包括水的离解、碳酸的离解、有机酸的离解、大气酸降及生理酸性肥料的施用等。氢离子积累破坏了土壤中原来的化学平衡，氢离子与土壤胶体上被吸附的盐基离子发生交换使土壤胶体上氢离子饱和度不断增加，而盐基离子进入土壤溶液随雨水流失，导致土壤盐基饱和度下降，土壤酸性增加。当土壤胶体表面的氢离子达到一定限度时，土壤胶体的矿物结构会遭受破坏，氢离子可以自发地与土壤中固相的铝化合物反应，释放出等量的铝离子 Al^{3+}，后者水解可释放出 3 个 H^+。在自然条件下土壤酸化是一个相对缓慢的过程，土壤每下降一个 pH 单位需要数百年甚至上千年的时间；但人为活动（特别是大气酸沉降、化学肥料的施用）可导致土壤酸化的大大加速。

土壤酸化机制及酸化速率可用土壤质子平衡理论解释。从土壤系统中质子的输入-输出途径来看，质子来源包括大气沉降效应、施肥效应、生物量移除效应和土壤淋溶效应。由于不同生态系统中质子负荷组成的差异，各类土壤的酸化机制也存在着一定的差异。土壤系统中质子循环是较为复杂的元素循环过程，发生在土壤中的许多生物地球化学反应影响着质子的循环。许多质子产生过程同时伴随着质子消耗的可逆过程，不可逆的质子流输入引起了土壤的酸化。为量化质子循环对土壤酸化的影响，Van Breemen 等（1984）将土壤酸化定义为土壤酸中和能力（acid - neutralizingcapacity，ANC）降低的过程。土壤 ANC 可定量表征了土壤碱性物质库容量的大小：

$$ANC = 6 \ [Al_2O_3] + 6 \ [Fe_2O_3] + 2 \ [FeO] + 4 \ [MnO_2] + 2 \ [MnO] + 2 \ [CaO] + 2 \ [MgO] + 2 \ [K_2O] + 2 \ [Na_2O] - 2 \ [SO_3] - 2 \ [P_2O_5] - [Cl]。$$

在农田土壤生态系统的元素循环过程中，大气沉降、人为施肥、生物产品收获、土壤侵蚀和淋溶都在以不同的物质输入-输出途径影响着土壤 ANC。质子输入的临时性效应引起了土壤 pH 值的降低，永久性效应则引起了土壤 ANC 的降低。因此，土壤酸化速率（ $-\Delta ANC$）可表示为：

$$-\Delta ANC = - \ (AC + BC - AA)_{沉降} - \ (AC + BC - AA)_{施肥} + \ (AC + BC - AA)_{收获} + \ (AC + BC - AA)_{淋溶}。$$ 式中，"Δ"表示该离子的输入通量减去输出通量；离子通量的单位是 $kmol/(hm^2 \cdot a)$；沉降和施肥前面的"$-$"表示输入流，收获和淋溶前面的"$+$"表示输出流。从质子的缓冲机制来看，质子负荷可分为酸性阳离子风化效应（ $-\Delta AC$）、盐基阳离子风化效应（ $-\Delta BC$）和酸性阴离子逆风化效应（ ΔAA）。

2. 耕地土壤酸化的危害

土壤酸化对生态系统的危害是多方面的，既对土壤本身的影响，也有对作物、对土壤周围环境的影响。大致包括以下4个方面。

（1）引起土壤退化。土壤酸化的直接后果是引起土壤质量的下降，主要表现在：①影响土壤微生物活性，改变了土壤碳、氮、硫等养分的循环；②减少对钙、镁、钾等养分离子的吸附量，降低土壤中盐基元素的含量；③影响土壤结构性，降低了土壤团聚体的稳定性，土壤耕性变差、宜耕性下降。

（2）加剧土壤污染。土壤酸度的提高可促进土壤中重金属元素的活性，增加了积累在土壤中的重金属对作物和环境的危害。

（3）降低农产品质量。土壤酸化后，土壤中活性铝增加，矿质营养元素含量降低，有效态重金属浓度增加，对植物根系生长产生极大影响，增加了病虫害的发生。重者导致植物铁、锰、铝中毒死亡，轻者影响农产品品质。

（4）影响地表水质量。土壤酸化后可导致土壤中铝活性的增加，增加铝溶出损失，导致周围地表水体的酸化，影响生态系统的功能。

二、影响耕地土壤酸化的因素

1. 气候条件

在自然条件下，土壤酸化主要与矿物的风化淋溶作用有关，并随淋溶强度的增加而增加。不同地区因气候条件的差异，其淋溶作用也有较大的差异，一般来说，高温、高湿的气候有利于土壤中矿物的风化。淋溶作用是风化产生的盐基离子淋失的不可缺少的条件，因此酸性土壤主要分布在湿润地区。在降雨或灌溉条件下，可溶性矿物养分可通过土壤淋溶离开植物根区土壤，进而进入地下水和邻近水域。在中性或碱性土壤上，盐基阳离子风化释放是主要的质子消耗机制，盐基阳离子尤其是钙离子的淋溶损失是土壤ANC下降的主要表现形式；在酸性土壤上，酸性阳离子尤其是铝的风化释放成为质子消耗的主要方式，土壤ANC下降主要表现为自由铝的淋溶损失。

2. 大气酸沉降

工业化和城市化的进程加重了大气硫和氮的沉降，其对生态系统具有明显的酸化效应。然而，来源于工业排放的碱性粉尘和沙尘暴的大气沉降中盐基阳离子输入，却对减缓酸雨的生态效应具有积极的意义。大气酸沉降可增加土壤中质子的输入量，可促进土壤的酸化。我国的酸性降水主要是以硫酸盐为主要成分，主要分布在长江以南地区。大气酸沉降下土壤酸化被加速的原因曾存在巨大的争议：一些学者认为产生于生态系统内部循环的质子加速了土壤酸化，而酸沉降和外源酸的作用非常小；而另外一些学者强调大气酸性物质输入对酸化的主导作用超过内源质子产生。大气湿沉降引入土壤的自由质子量有限，即使在酸雨严重的地区，自由质子的引入量也常不足 $2.0kmol/(hm^2 \cdot a)$。

3. 施肥和作物收获

自然条件下土壤酸化是一个速度非常缓慢的过程。但耕地土壤由于人为活动的强烈作用，其酸化速率明显增加，施肥引入的离子通量远大于大气沉降。由于多数化学肥料中含有等摩尔当量的盐基阳离子和酸性阴离子，几乎不含酸性阳离子，因而普通施肥对土壤ANC的影响并不大；但生理酸性肥料常常可引起土壤的明显酸化，常用的硫铵、尿素、过磷酸钙和氯化钾均属产酸肥料。施入土壤的有机物料（包括粪肥、绿肥和秸秆等）在土壤微生物作用下，可发生矿化分解，释放出的盐基阳离子量大于酸性阴离子量。不当的农田施肥措施是耕地土壤酸化加快的主要原因。据研究，我国农田施氮贡献 $20\sim33kmol[H^+]/(hm^2 \cdot a)$，大大高于其他低氮肥国家 $\{1.4\sim11.5kmol[H^+]/(hm^2 \cdot a)\}$。而酸沉降贡献一般在 $0.4\sim2.0kmol[H^+]/(hm^2 \cdot a)$，由氮肥驱动的酸化可达酸雨的 10~100 倍。不同管理措施下，土壤酸化的速度亦有较大的差异。单施化肥的土壤容易发生酸化，而施有机肥或有机肥与化肥配合施用的土壤不易发生酸化。

连年的高产栽培从土壤中移走过多的碱基元素，如钙、镁、钾等，进一步导致土壤向酸化方向发展。作物的高产必须吸收大量的铵、钾、钙、镁等离子，且随收获物的转移而脱离土壤，这就是一般说的生物脱盐基化作用。生物量移除质子负荷始于叶片的光合作用，受植物固定大气 CO_2 形成有机酸根过程的驱动，通过同化过量的盐基阳离子向土壤输入不可逆的质子流。生物量移除对质子负荷的贡献取决于被移除的生物量及其生物碱度。生物脱盐基化作用留下的酸根离子可导致土壤酸化，因此依靠化肥支撑作物产量的生产模式，作物产量越高，移走的盐基离子越多，土壤酸化越严重。

4. 土壤缓冲性能

质子的产生和积累可使土壤向酸性方向发展，但其 pH 值的变化与土壤对酸性物质的缓冲性有关。土壤的缓冲性能是指土壤抵抗土壤溶液中 H^+ 或 OH^- 浓度改变的能力，土壤缓冲作用的大小与土壤阳离子交换量有关，其随交换量的增大而增大。影响土壤缓冲性的因素主要有①黏粒矿物类型：含蒙脱石和伊利石多的土壤，起缓冲性能也要大一些；②黏粒的含量：黏粒含量增加，缓冲性增强；③有机质含量：有机质多少与土壤缓冲性大小呈正相关。土壤缓冲性强弱的顺序是腐殖质土大于黏土大于砂土，故增加土壤有机质和黏粒，就可增加土壤的缓冲性。有机质和交换性盐基离子含量低、CEC 小的土壤，很容易受外界环境的影响而发生酸化。例如花岗岩和第四纪红土发育的土壤因 CEC 低，容易发生酸化；而紫色土则由于其交按性盐基离子含量高、CEC 较大，对酸的缓冲能力强，其酸化也相应地要难得多。

三、减缓耕地土壤酸化的途径

对于具有潜在酸化趋势的土壤，通过合理的土壤管理可以减缓土壤的酸化进程。

1. 科学施肥与水分管理

铵态氮肥的施用是加速土壤酸化的重要原因，这是因为施入土壤中的铵离子通过硝化反应释放出氢离子。但不同品种的铵态氮肥对土壤酸化的影响程度不同，对土壤酸化作用最强的是 $(NH_4)_2SO_4$ 和 $(NH_4)H_2PO_4$，其次是 $(NH_4)_2HPO_4$，作用较弱的是硝酸铵。因此，对外源酸缓冲能力弱的土壤，应尽量选用对土壤酸化作用弱的铵态氮肥品种。随水淋失是加剧土壤酸化的重要原因。因此，通过合理的水分管理，控制灌溉强度，以尽量减少 NO_3^- 的淋失，在一定程度上可减缓土壤酸化。

2. 秸秆还田和施用有机肥

作物的秸秆还田不但能改善土壤环境，而且还能减少碱性物质的流失，对减缓土壤酸化是有益的。植物在生长过程中，其体内会积累有机阴离子（碱）。当植物产品从土壤上被移走时，这些碱性物质也随之移走。在酸性土壤上多施优质有机肥或生物有机肥，可在一定程度上改良土壤的理化性质，提高土壤生产力，还能减缓土壤酸化。但需要注意的是，大量施用未发酵好的有机肥可能也会导致土壤的酸化，因为后者在分解过程中也可产生有机酸。

3. 优化种植结构

农业系统中的豆科作物也会通过 N 和 C 循环来影响土壤酸度。豆科作物通过生物固氮增加土壤有机氮的水平。土壤中有机氮的矿化和硝化及淋溶将导致土壤酸化。有研究表明，小麦—羽扇豆和小麦—蚕豆两种轮作措施与小麦—小麦轮作相比，土壤的酸化速度较高。目前，由于不当的农业措施引起的致使土壤酸化机制成为国内外土壤酸化的重要内容。豆科植物生长过程中，其根系会从土壤中吸收大量无机阳离子，导致对阴阳离子吸收的不平衡，为保持体内的电荷平衡，它会通过根系向土壤中释放质子，加速土壤酸化。豆科植物的固氮作用增加了土壤的有机氮水平，有机氮的矿化及随后的硝化也是加速土壤酸化的原因。因此，对酸缓冲能力弱、具有潜在酸化趋势的土壤，应尽量减少豆科植物的种植。当把收获的豆科植物秸秆还田可在一定程度上抵消酸化的作用。

四、酸化耕地土壤的修复技术

土壤酸化已成为影响农业生产和生态环境的一个重要因素，酸性土壤的改良也成为土壤质量研究的热点。近半个世纪以来，国内外对酸化土壤的修复已进行了较多的研究，积累了改良经验和方法。

1. 酸化耕地土壤改良剂的种类

酸性土壤改良的效果与改良剂的性质和土壤本身的性质有关。目前，改良剂的选择已经从传统的碱性矿物质如石灰、石膏、磷矿粉等转变为选择廉价、易得的碱性工业副产品和有机物料等。

（1）石灰改良剂。在酸性土壤中施用石灰或者石灰石粉是改良酸性土壤的传统和有效的方法。使用石灰可以中和土壤的活性酸和潜性酸，生成氢氧化物沉淀，消除铝毒，迅速有效地降低酸性土壤的酸度，还能增加土壤中交换性钙的含量。但有研究表明，施用石灰后土壤存在复酸化现象，即石灰的碱性消耗后土壤可再次发生酸化，而且酸化程度比施用石灰前有所加剧。其原因是施用石灰增加了 HCO_3^- 活度，加速了有机质的分解和增加了植物秸秆和籽粒移走的钙。另外，由于石灰在土壤中的移动性不高，长期、过量施用石灰会造成表层土壤的板结，并且会引起营养元素的失衡，有可能抑制作物的生长。

（2）矿物和工业废弃物。除了利用石灰改良酸性土壤的传统方法外，人们还发现利用某些矿物和工业废弃物也能改良土壤酸度，如白云石、磷石膏、粉煤灰、磷矿粉和碱渣等矿物和制浆废液污泥等工业废弃物。白云石是碳酸钙和碳酸镁以等分子比形成的结晶碳酸钙镁化合物，其改良酸性土壤的作用与石灰类似。磷石膏是磷复肥和磷化工行业的副产物，它的主要成分是硫酸钙，过去主要用于改良碱性土壤，近年用作酸性心土层的改良剂，效果很好。磷石膏中的硫酸钙与土壤反应后，SO_4^{2+} 和 OH^- 之间的配位基交换作用产生碱度。粉煤灰是火力发电厂的煤经高温燃烧后由除尘器收集的细灰，呈粒状结构，含有 CaO、MgO 等碱性物质，pH 值在 10~12，可以中和土壤中的酸性物质。碱渣是制碱厂的废弃物，其主要成分为 $CaCO_3$、$Mg(OH)_2$ 等，pH 值为 9.0~11.8，呈碱性。碱渣中还含有大量农作物所需的 Ca、Mg、Si、K、P 等多种元素，用此土壤改良剂代替石灰改良酸性、微酸性土壤，促进有机质的分解，补充微量元素的不足。造纸制浆废水处理产生的制浆废液污泥含有来自制浆原料中的木质素等有机质和相当量的石灰质，具有较强的碱性，不仅能中和土壤的酸度，还能补充酸性土壤所缺乏的 Ca 等有益于植物生长的元素。另外，磷矿粉、城市污水处理厂产生的碱性污泥、炼铝工业产生的赤泥、燃煤烟气脱硫副产物等也都应用于酸性土壤的改良，并取得一定的效果。

但以上改良剂也存在一些不足之处，如白云石成本较高；大多数工业废弃物含有一定量的有毒金属元素，但长期施用存在着污染环境的风险。

（3）有机物料改良剂。在农业上利用有机物料改良酸性土壤已经有千余年的历史。土壤中施用有机物质不仅能提供作物需要的养分，提高土壤的肥力水平，还能增加土壤微生物的活性，增强土壤对酸的缓冲性能。有机物料能与单体铝复合，降低土壤交换性铝的含量，减轻铝对植物的毒害作用。可作酸性土壤改良的有机物料种类很多，如各种农作物的秸秆、家畜粪肥、绿肥等。向土壤中加入绿肥，可增加铝在土壤固相表面的吸附，绿肥分解产生的有机阴离子与土壤表面羟基的配位交换反应将 OH^- 释放至土壤溶液中，可以中和土壤酸度，降低土壤铝的活性。泥炭可以解除铝毒，石灰可以降低土壤酸度，将泥炭与石灰混合施用也可以取得更好的改良酸性土壤的效果。

有研究表明，某些植物物料对土壤酸度具有明显的改良作用。这种改良作用不仅仅是通过增加土壤的有机质来增加土壤 CEC，而且由于植物物料或多或少含有一定量的灰化碱，能对土壤酸度起到直接的中和作用，可在短期内见效。豆科类植物物料比非豆科类植物物料的改良效果更佳，如将羽扇豆的茎和叶与酸性土壤一起培养，其 pH 值增加的最大值可达 1~2 个单位，其原因是豆科植物因生物固氮作用会从土壤中大量吸收无机阳离子如 Ca^{2+}、Mg^{2+}、K^+ 等，导致植物体内无机阳离子的浓度高于无机阴离子的浓度，为保持植物体内电荷平衡植物体内有机阴离子浓度增加，这些有机阴离子是碱性物质，当植物物料施于酸性土壤时，这些碱性物质会很快释放，并中和土壤酸度。羽扇豆茎和叶所含灰化碱的量是小麦秸秆的 7 倍多。

（4）其他改良剂。近年来，人们还开发出营养型酸性土壤改良剂，即将植物所需的营养元素、改良剂及矿物载体混合，制成营养型改良剂。这种改良剂加入土壤后，在改良酸度的同时还提供植物所需的钙、镁、硫、锌、硼等养分元素，起到一举两得的效果。此外，生物质炭和草木灰对土壤酸性改良也有很好的效果。生物质炭呈现碱性，可以中和土壤酸度，降低铝对作物的毒害作用；另外，生物质炭还含有丰富的营养元素，可以提高酸性土壤有效养分的含量。温州市农村废弃的植物物料资源丰富，如能利用这些植物物料资源开发生物质炭，一方面可以解决农业生产对改良剂的需求和农村废弃物的处置问题，另一方面还节约了农业的成本改良酸性土壤。焚烧作物茎秆产生草木灰在农村中很常见，木材工业的残余物的焚烧也会产生很多的草木灰，这些草木灰对酸性土壤也有很好的改良作用。草木灰在土壤中会产生石灰效应，使土壤的 pH 值大幅度升高，草木灰能增加土壤养分含量，特别是 K 含量丰富能极大提高，土壤钾含量。

2. 石灰适宜用量的估算

石灰需要量是指为提升该土壤 pH 值至某一目标 pH 值时所需要施用的石灰量。许多因素影响石灰施用量：①待种植作物适宜的土壤 pH 值，不同作物适宜生长的土壤酸碱度不同；②土壤质地、有机质含量和 pH 值；③石灰施用时间和次数，石灰一般要在作物播种或种植前施用，有条件的农田应在播前 3~6 个月施石灰，这对强酸土壤尤为重要。石灰施用的次数取决于土壤质地、作物收获以及石灰用量等。砂质土壤最好少量多次地施；而黏质土壤宜多量少次；④石灰物质的种类；⑤耕作深度，目前，推荐施石灰主要针对 15cm 耕层土壤，耕深加到 25cm 时，推荐的石灰量至少要增加 50%。

确定土壤石灰需要量的方法很多，大致可归纳为直接测定法和经验估算法。

（1）直接测定法。主要是利用土壤化学分析方法测定土壤中需要中和的酸的容量（交换性量），然后利用土壤交换酸数据折算为一定面积农田的石灰施用量。也可通过室内模拟试验建立石灰用量与改良后土壤 pH 值的关系，再根据目标土壤 pH 值估算石灰需要量。

（2）经验估算法。经验估算法是根据文献资料估算石灰需要量。一般而言，有机质含量及黏粒含量越高的土壤，表示其阳离子交换能量越大，因此石灰需要量亦越大，且提升土壤 pH 值至目标 pH 值所需的时间也越长（表 8-1）。

各种改良剂中和酸的能力可有较大的差异。一般来说，石灰改良剂的中和能力较强，有机物料的中和能力较弱，对于强酸性土壤的改良应以石灰改良剂为主，而对于酸度较弱的土壤可选择有机物料进行改良。石灰物质的改良效果与其中和值、细度、反应能力和含水量等有关。

表 8-1 石灰需要量的估算参数（改良 20cm 土层厚度） 单位：t/hm^2

pH 值	砂土及壤质砂土	砂质壤土	壤土	粉质壤土	黏土	有机土
4.5 增至 5.5	0.5~1	1~1.5	1.5~2.5	2.5~3	3~4	5~10
5.5 增至 6.5	0.75~1.25	1.25~2	2~3	3~4	4~5	5~10

石灰需要量一般多以 20cm 为目标，若要改良更深的土层，则必须乘上一个比例因子。假如以表土 20cm 为调整的深度，其石灰需要量为 At/hm^2，则调整目标为 80cm 时，其石灰需要量应为：

$A×80/20=4A$（t/hm^2）。

3. 石灰施用时间间隔和施用方法

（1）石灰施用时间间隔。施用不同用量的石灰物料其改良酸性土壤的后效长短不同。①石灰物料施用量低于 $750kg/hm^2$ 的时间间隔为 1.5 年；②石灰物料施用量 $750\sim1\,500kg/hm^2$ 的时间间隔为 2.0 年；③石灰物料施用量 $1\,500\sim3\,000kg/hm^2$ 的时间间隔为 2.5 年。

（2）石灰施用方法。由于石灰物质的溶解度不大，在土壤中的移动速度较小，所以应借助耕犁之农具将石灰与土壤均匀的混合，以发挥其最大的效果。石灰物质可在作物收获后与下栽种前的任何时间施用，但需注意的是，因土壤具有对 pH 值缓冲能力，石灰施用后土壤 pH 值并不是立即调升至所期盼的目标 pH 值，而是逐渐上升，有时可能需要超过一年的时间才能达成目标。若栽种多年生作物，则石灰与土壤的混合必须在播种前完成，同时尽可能远离播种期，以让石灰有充分时间发挥其效应。一般石灰物料在土壤剖面中之垂直移动距离极短，所以使土壤和石灰物质充分混合十分重要。

五、酸化耕地土壤的综合管理

大量的试验与生产实践表明，对酸化耕地土壤的治理应采取综合措施，在应用石灰改良剂降低土壤酸度的同时，增施有机肥和生物肥，提高土壤有机质，改善土壤结构，增加土壤缓冲能力。目前，国内外研究多集中于投加单一化学品（如石灰或白云石），传统的酸性土壤改良的方法是施用石灰或石灰石粉，需要加强综合改良技术的研究。在施肥管理环节，应从秸秆还田，增施有机肥，改良土壤结构，来提高土壤缓冲能力；通过改进施肥结构，防止因营养元素平衡失调等增加土壤的酸化。其次，开展土壤障碍因子诊断和矫治技术研究，通过生物修复、化学修复、物理修复等技术，筛选环境友好型土壤改良剂，推行土壤酸化的综合防控。开发新型高效、廉价和绿色环保的酸性土壤改良剂是今后的一个重要研究方面。

六、其他需注意的技术问题

1. 石灰物质的中和值

各种石灰物质中和酸的能力明显不同。石灰物质的价值取决于其单位质量能中和的酸量（表8-2）。这一特性与石灰物质的分子组成及纯度有关。纯碳酸钙是确定其他石灰物质中和值的标准，其中和值规定为 100%。

表8-2　一些常用石灰物质纯组分的中和值　　　　　　　　　　　　　　　　　单位:%

石灰物质	中和值（CCE 值）
CaO	179
Ca（OH）$_2$	136
白云石粉 CaMg（CO$_3$）$_2$	109
CaCO$_3$	100
CaSiO$_3$	86
贝壳粉（主要成分 CaCO$_3$）	95～100
石灰石粉（主要成分 CaCO$_3$）	100
消石粉［主要成分 Ca（OH）$_2$］	136
生石灰（主要成分 CaO）	179
白云石粉［主要成分 CaMg（CO$_3$）$_2$］	109
矽酸炉渣（主要成分 CaSiO$_3$）	60～80
石灰炉渣（主要成分 CaSiO$_3$）	65～85

注：石灰石粉之碱度（CaO 含量+MgO 含量×1.39）为 100 时，各种质材之碱度相对值。

2. 物料粒径选择

一般而言，石灰物质越细，具有较大的表面积，因此中和土壤酸度的速度较快，且效果越佳。如粒径小于 0.25mm（即可通过 60 目筛孔），中和土壤酸度的能力最高（指数为 100）；粒径介于 0.25～0.85mm，中和能力为小于 0.25mm 的 60%；而粒径 0.85～1.70mm 则仅为 10%左右。只有当粒径比 0.25mm 更小，其中和土壤酸度的能力不会因细度愈细而增进，所以石灰物质不需要磨得很细（石灰石的成本随其粉碎的细度而增加）。

第三节　土壤盐渍化治理技术

一、滨海盐土的降盐技术

温州市沿海新围地段，以重咸黏土为主，盐分含量高，一般作物不能正常生长。改良措施：主要开沟挖渠，修堤建闸，平整土地，种植田菁、咸草等耐盐作物，使土壤脱盐淡化。改良上应继续加快洗盐的措施，套种冬夏绿肥，增加有机肥，改善土壤结构。其他配套措施包括耕作施肥、覆盖技术、水利措施、化学措施。新围盐土在改良初期，重点应放在改善土壤的水分状况。一般分几步进行，首先排盐、洗盐，降低土壤盐分含量；再种植耐盐碱的植物，培肥土壤；最后种植作物。具体的改良措施如下。①排水，许多盐碱土地下水位高，可采用修建明渠、竖井、暗管排水降低地下水位。②灌溉洗盐，盐分一般都累积在表层土壤，通过灌溉将盐分淋洗到底层土壤，再从排水沟排出。③种植水稻，水源充足的地区，可采用先泡田洗碱，再种植水稻，并适时换水，淋洗盐分。在水源不足的地区，可通过水旱轮作，降低土壤的盐分含量。④培肥改良，土壤含盐量降低到一定程度时，应种植耐盐植物如甜菜、向日葵、蓖麻、高粱、苜蓿、棉花等，培肥地力。⑤平整土地，地面不平是形成盐斑的重要原因，平整土地有利于消灭盐碱斑，还有利于提高灌溉的质量，提高洗盐的效果。⑥化学改良，一般通过施用氯化钙、石膏和石灰石等含钙的物质，以代换胶体上吸附的钠离子，使土壤颗粒团聚起来，改善土壤结构。也可施用硫黄、硫酸、硫酸亚铁、硫酸铝、石灰硫黄、腐殖酸、糠醛渣等酸性物质，中和土壤碱性。

二、设施蔬菜土壤盐渍化防治技术

近年来，温州市设施蔬菜种植面积有逐年扩大的趋势。设施蔬菜产量高、效益好，但长期种植可引起土壤的盐渍化，影响作物的正常生长。可采取下列技术措施加以防治。①水旱轮作：水旱轮作或隔年水旱轮作在国内外早已普遍采用，也是解决蔬菜土壤盐渍化最为简单、省工、高效的方法。通过瓜菜类、水稻（或水生蔬菜）轮作，通过长时间的淹水淋洗，可有效地减少土壤中可溶性盐分。②灌水、喷淋、揭膜洗盐：在种植制度许可有前提下，设施栽培可利用自然降雨淋浴与合理的灌溉技术，以水化盐，使地表积聚的盐分稀释下淋。为了防止洗盐后返盐现象的出现，还须结合施用有机肥和合理轮作等措施。③其他措施：土壤深翻、增施有机肥和应用土壤改良剂。深翻可增加土壤的透水性，增加盐分的淋失；施有机改良剂能改良土壤结构，改善土壤微生物的营养条件，从而抑制由盐渍等引起的病原菌的生长。滴灌、膜下滴灌和地膜覆盖，可减免土壤中盐分的积累。引起水肥一体化管理技术，可减免土壤盐分的积累。

第四节　土壤物理障碍因素改良的技术

耕地土壤中常见的土壤物理障碍主要是土壤质地不良、结构性差、紧实板结和耕作层浅薄等。土壤结构性差首先取决于土壤质地，其次与土壤有机质含量密切相关。有机质是土壤颗粒团聚的重要的材料，有机质含量低的土壤，其团粒结构体很少，特别是黏重的土壤。盐土的结构性差主要是由于可溶性盐过多所引起的。不合理灌溉容易导致土壤次生盐渍化，土壤胶体分散，结构体破坏，物理性状很差。长期保护地栽培，由于缺少必要的淋洗，盐分在表层土壤累积，次生盐渍化也十分严重，土壤物理性状很差。长期耕作常常导致犁底层过度紧实，影响根系生长和水分运动。特别是大型机械耕作，非常容易压实土壤，导致土壤板结。不合理的施肥也会导致土壤结构恶化，特别是长期大量地施用单一的化学肥料，土壤物理性质常常很差，保护地的这种现象格外明显。单一的栽培种植制度也可能引起土壤物理性质恶化，主要原因包括有机物质输入减少，离子平衡破坏等，从而影响团粒结构体的形成。

一、土壤质地改良技术

耕地中因耕层过沙或过黏，土壤剖面夹砂或夹黏较为常见，改良十分困难，目前常采用的措施包括以下 4 项。① 掺沙掺黏，客土调剂：如果在砂土附近有黏土、河泥，可采用搬黏掺砂的办法；黏土附近有砂土、河砂可采取搬砂压淤的办法，逐年客土改良，使之达到较为理想的状态。② 翻淤压砂或翻砂压淤：如果夹砂或夹黏层不是很深，可以采用深翻或"大揭盖"的方法，将砂土层或黏土层翻至表层，经耕、耙使上下土层砂黏掺混，改变其土壤质地。同时应注意培肥，保持和提高养分水平。③增施有机肥：有机肥施入土壤中形成腐殖质，可增加砂土的黏结性和团聚性，但降低黏土的黏结性，促进土壤团粒结构体的形成。大量施有机肥，不仅能增加土壤中的养分，而且能改善土壤的物理结构，增强其保水、保肥能力。④轮作绿肥，培肥土壤：通过种植绿肥植物，特别是豆科绿肥，既可增加土壤的有机质和养分含量，同时能促进土壤团粒结构的形成，改善土壤通透性。对于新开垦耕地土壤首先种植豆科作物，是土壤培肥的重要措施。

二、土壤结构改良技术

良好的土壤结构一般具备以下 3 个方面的性质。①土壤结构体大小合适；②具有多级孔隙，大孔隙可通气透水，小孔隙保水保肥；③具有一定水稳性、机械稳性和生物学稳定性。土壤结构改良实际上是改造土壤结构体，促进团粒结构体的形成。常采用的改良技术措施包括：① 精耕细作，精耕细作可使表层土壤松散，虽然形成的团粒是非水稳性的，但也会起到调节土壤孔性的作用。② 合理的轮作倒茬，一般来讲，禾本科牧草或豆科绿肥作物，根系发达，输入土壤的有机物质比较多，不仅能促进土壤团粒的形成，而且可以改善土体的通透性。种植绿肥、粮食作物与绿肥轮作、水旱轮作等都有利于土壤团粒结构的形成。③ 增施有机肥料，秸秆还田、长期施用有机肥料，可促进水稳定性团聚体的形成，并且团粒的团聚程度较高，大小孔隙分布合理，土壤肥力得以保持和提高。④ 合理灌溉，适时耕耘，大水漫灌容易破坏土壤结构，使土壤板结，灌后要适时中耕松土，防止板结。适时耕耘，充分利用干湿交替与冻融交替的作用，不仅可以提高耕作质量，还有利于形成大量水不稳定性的团粒，调节土壤结构性。⑤ 施用石灰及石膏，酸性土壤施用石灰，碱性土壤施用石膏，不仅能降低土壤的酸碱度，而且还有利于土壤团聚体的形成。⑥ 施用土壤结构改良剂，土壤结构改良剂是根据团粒结构形成的原理，利用植物残体、泥炭、褐煤等为原料，从中提取腐殖酸、纤维素、木质素等物质，作为土壤团聚体的胶结物质，称为天然土壤结构改良剂，主要有纤维素类（纤维素糊、甲基纤维素、羧基纤维素等）、木质素（木质素磺酸、木质素亚硫酸铵、木质素亚硫酸钙）和腐殖酸类（胡敏酸钠钾盐）。也有模拟天然物质的分子结构和性质，人工合成高分子胶结材料，称为人工合成土壤结构改良剂，主要有乙酸乙烯酯和顺丁烯二酸共聚物的钙盐、聚丙烯腈钠盐、聚乙烯醇和聚丙烯酰胺。

三、深耕和深松技术

耕层是作物生长的第一环境，是生长所需养分、水分的仓库，是支撑作物的主要力量。耕层厚度是衡量土壤地力的极重要指标之一。温州市耕地耕作层厚度平均为 16.8cm，主要位于 12～20cm，40% 以上的耕地耕作层厚度在 16cm 以下，与高产粮田所要求的 20cm 以上有较大的差距。增厚耕层厚度的主要途径如下。

1. 增加客土

增加客土又有两种方法：一是异地客土法，即将别地方不用的优质耕层土壤移到土层瘠薄的田块，以便重新利用。近年来，温州市有一定数量的优质耕地被征用，大量的优质土壤也随之被埋入地下，这是一种极大的浪费，因此，要尽力利用被用于非农建设的优质表土资源。二是淤泥法，即抽取河道的淤泥用作耕层土壤，这种方法不仅增加了耕层厚度，而且疏通了河道提高了排灌能力，还增加了土壤的有机质和养分含量，一举多得。

2. 深耕

这一方法对有效土层较厚、耕作层相对较浅薄的土壤适用，即通过深耕、深翻等措施增加耕层厚度，同时配合应用增施有机肥、推广秸秆还田和扩种冬绿肥等增施有机肥的技术，使耕层质量不下降。

深耕应掌握在适宜为度，应随土壤特性、微生物活动、作物根系分布规律及养分状况来确定，一般以打破部分犁底层为宜（水田不应打破全部犁底层），厚度一般 25～30cm。深耕深松是重负荷作业，一般都用大中型拖拉机配套相关的农机具进行。机具必须合理配套，正确安装，正式作业前必须进行试运转和试作业；建议深耕的同时应配合施用有机肥，以利用培肥地力。深耕深松要在土壤的适耕期内进行。深耕的周期一般是每隔 2～3 年深耕一次。深耕深松的同时，应配施有机肥。由于土层加厚，土壤养分缺乏，配施有机肥后，可促进土壤微生物活动，加速土壤的肥力的恢复。前作是麦类作物或早稻，收获时可先用撩穗收割机将秸秆粉碎机耕还田。前作是绿肥的可使用秸秆还田机将绿肥打碎机耕还田。

第五节　平衡施肥技术——测土配方施肥

长期以来，温州市部分地区农民盲目施肥、过量施肥等不合理施肥现象较为普遍，这不仅造成农业生产成本增加，而且带来严重的环境污染，影响农产品质量安全。近 30 年来，温州市测土配方施肥、有机肥推广数量和覆盖面有了新的突破，取得了显著的社会效益和经济效益。主要成效体现在：促进了农业节本增效、提高了农产品质量、优化了肥料施用结构、提高了农民科学施肥水平、增强了农技中心服务能力。这一工作对提高温州市粮食单产、降低生产成本、实现粮食稳定增产和农民持续增收具有重要的现实意义；对于提高肥料利用率、减少肥料浪费、保护农业生态环境、保证农产品质量安全、实现农业可持续发展具有深远影响。通过测土配方施肥示范片到村、配方肥下地、施肥建议卡上墙，培训宣传到户，不断扩大技术覆盖面和普及率。在生产关键季节，组织技术人员深入田间地头作现场指导，为农户提供及时、准确的技术和信息，进一步提高测土配方施肥在农户心目中的认知度和科技转化率。开展土壤样品采集与施肥调查，并结合土壤测试结果，为农作物种植提供测土配方施肥作依据。为现代农业园区、粮食高产创建示范区、粮食功能区的建设提供了技术保障。

一、土壤养分均衡化培肥技术

测土配方施肥是以土壤测试和肥料田间试验为基础，根据作物需肥规律、土壤供肥性能和肥料效应，在合理施用有机肥料的基础上，提出氮、磷、钾及中、微量元素等肥料的施用数量、施肥时期和施用方法。同时有针对性地补充作物所需的营养元素，作物缺什么元素就补充什么元素，需要多少补多少，实现各种养分平衡供应，满足作物的需要；达到提高肥料利用率、减少肥料用量、提高作物产量、改善农产品品质、节省劳力、节支增收的目的，从温州市近几年的推广结果来看，测土配方施肥技术能有效地调节和解决作物需肥与土壤供肥之间的矛盾，从而实现农业增产、农民增收、环境友好和农业可持续发展的目的。配方施肥与土壤养分诊断技术。在施肥时不仅要考虑作物的需肥量，也需要考虑培肥的要求。

1. 培肥土壤，增强土壤自调能力

提高肥力的一项重要措施就是增施有机肥，土壤有机质不仅自身含有各种养分，能平衡土壤养分，而且对提高土壤保肥性，增强土壤供肥性都有重要作用。

2. 根据作物需要，实行合理施肥

这是调节作物和土壤养分供需的最主要技术措施。可根据当地气候条件、土壤养分供应能力和作物生长情况决定施肥的种类、数量和时间；根据当地土壤养分变化，制订施肥方案。同时，根据不同作物对不同微量元素的需求量及土壤的丰缺状况，确定微肥的施用量。

3. 调节土壤营养的环境条件，提高土壤供肥力

土壤供肥力不仅决定于土壤养分含量，而且还决定于水、热条件以及土壤反应、氧化还原状况等多种因素。因此，通过调控这些因素也可达到调节土壤养分的目的。"以水调肥""以温调肥"、施用石灰等都是调节土壤养分的重要措施。

二、施肥方案的制订

在标准制订时，应同时考虑农作物的需肥特点与土壤中氮、磷、钾的水平。建议在现有测土配方施肥方案的基础上，考虑土壤氮、磷、钾实际水平，调整施肥量。使施肥量既要考虑作物需肥量，又能满足土壤培肥的要求。

通过科学施肥技术的推广，达到氮磷钾用量合理、比例平衡，中微量元素配套。土壤有效磷含量保持在 30~40mg/kg，速效钾含量达到 100mg/kg 以上。对土壤有效磷在 40mg/kg 以上的耕地，应严格控制磷肥的用量、减少或不施用磷肥；对于土壤有效磷在 15mg/kg 以下的耕地，应在现有配方施肥的基础上，增加磷肥的用量，以增加土壤有效磷的积累，目标是使土壤有效磷含量保持在 20~30mg/kg；对于土壤速效钾在 200mg/kg 以上的耕地，应严格控制钾肥的施用，目标是平原地区速效钾含量保持在 150mg/kg 以上，丘陵地区则提升到 100~150mg/kg。对于部分酸化的耕地土壤，可适当施用石灰调节土壤 pH 值，土壤 pH 值争取调整在 6.5~7.5。

三、配方施肥的基本方法

1. 地力分区法

利用土壤普查、耕地地力调查和当地田间试验资料，把土壤按肥力高低分成若干等级，或划出一个肥力均等的区片，作为一个配方区。再应用资料和田间试验成果，结合当地的实践经验，估算出这一配方区内，比较适宜的肥料种类及其施用量。优点：较为简便，提出的用量和措施接近当地的经验，方法简单，易接受。缺点：局限性较大，每种配方只能适应于生产水平差异较小的地区，而且依赖于一般经验较多，对具体田块来说针对性不强。

2. 目标产量法

目标产量法包括养分平衡法和地力差减法等。根据作物产量的构成，由土壤本身和施肥两个方面供给养分的原理来计算肥料的用量方法是先确定目标产量，以及为达到这个产量所需要的养分数量。再计算作物除土壤所供给的养分外，需要补充的养分数量。最后确定施用多少肥料。

（1）养分平衡法。根据作物目标产量需肥量与土壤供肥量之差估算施肥量，计算公式为：

$$施肥量（kg/亩）= \frac{目标产量所需养分总量-土壤供肥量}{肥料中养分含量×肥料当季利用率}$$

养分平衡法涉及目标产量、作物需肥量、土壤供肥量、肥料利用率和肥料中有效养分含量五大参数。

（2）地力差减法。它是根据作物目标产量与基础产量之差来计算施肥量的一种方法。其计算公式为：

$$施肥量（kg/亩）= \frac{目标产量×全肥区经济产量单位养分吸收量-缺素区产量×缺素区经济产量单位养分吸收量}{肥料中养分含量×肥料利用率}$$

（3）土壤有效养分校正系数法。它是通过测定土壤有效养分含量来计算施肥量。其计算公式为：

$$施肥量（kg/亩）= \frac{作物单位产量养分吸收量×目标产量-土壤测试值×0.15×土壤有效养分校正系数}{肥料中养分含量×肥料利用率}$$

目标产量可采用平均单产法来确定。平均单产法是利用施肥区前三年平均单产和年递增率为基础确定目标产量，其计算公式是：目标产量（kg/亩）=（1+递增率）×前3年平均单产（kg/亩）。一般粮食作物的递增率为10%～15%。也可通过作物产量对土壤肥力依赖率的试验中，把土壤肥力的综合指标 X（空白田产量）和施肥可以获得的最高产量 Y 这两个数据成对地汇总起来，经过统计分析，两者之间同样也存在着一定的函数关系，即 $Y=X/（a+bX）$ 或 $Y=a+bX$，这就是作物定产的经验公式。

作物需肥量通过对正常成熟的农作物全株养分的分析，测定各种作物百千克经济产量所需养分量，乘以目标常量即可获得作物需肥量。

$$作物目标产量所需养分量（kg）= \frac{目标产量（kg）}{100}×百千克产量所需养分量（kg）$$

由于不同地区，不同产量水平下作物从土壤中吸收养分的量也有差异，故在实际生产中应用的数据时，应根据情况，酌情增减。作物总吸收量=作物单位产量养分吸收量×目标产量。

第六节 高质量的排灌溉体系的建设

"水利是农业的命脉"，农田水利设施的好坏，直接影响农业生产，直接影响农民收益。温州市紧依东海，降水量大，是台风、暴雨等多种自然灾害频繁发生的地区，而且灾害发生的频度和广度还在日益加深，造成粮食损失越来越大。加强农田水利建设等基础设施的建设对增强农业抵御自然灾害能力、改善农业生产条件和生态环境、提高农业综合生产能力、稳定农产品产量和质量、降低农业经营风险和增加农民收入等方面起着极其重要的作用。

农村水利以整治现有小型水利工程为主，以实施各灌区、灌溉片渠道配套工程、排水沟道整治工程为重点，初步形成"田成块，渠（沟）成网、林成行、路成框"的格局，积极推广农业节水技术，初步建成一批高效节水灌溉示范区，实现农业的旱涝保收。同步配套农业"两区"水利设施。以粮食生产功能区、现代农业园区为重点，落实农田水利基本建设项目，完善灌排配套渠系，确保粮食生产功能区农田旱涝保收、稳产高产，确保现代农业园区防洪排涝灌溉标准达到区内相应农业生产要求。建设的主要内容包括兴修水利，整治排灌系统；开深沟，降低地下水位。主要措施包括疏浚河道、修理机埠泵站、修理"三面光"排灌渠道、修理农用线路、平整机耕路。

基础设施的建设内容和建设要求如下。

1. 农田基础设施建设工程

（1）平整田面。农田田面落差不大于5cm，区域内农田要求基本格式化。通过土地整理等农田基础设施建设，有效地改善了农田生态环境，提高了农田排涝抗旱能力。

（2）田间道路。通过修复和新建达到田间道路成网，布局合理，主支配套，能适应大、中型农机下田作业。具体规格是：主机耕路宽 3 m 以上，支机耕路宽 2 m 以上，均两边砌石，混凝土压顶，石渣路基，砂石路面。主机耕路力求硬化路面。同时，因地制宜，设置一定数量的农机交汇点和农业机械下田坡。选择适宜树种，搞好农田林网建设，增强抗灾减灾能力和提高生态景观效果。

2. 排灌渠系

通过整理、疏浚和开沟，达到排灌分设（山垅田除外）、泵站、涵闸设置合理、排灌畅通。使灌溉保证率在 90% 以上，地下水位控制在 80cm 以下，排涝标准十年一遇，排灌渠因地制宜采用混凝土现浇、预制 U 形渠、干（浆）砌石或低压管道（PVC 塑料管），提高排灌效果。

3. 四周环境

周边河道水系应定期疏浚清淤，达到旱能灌，涝能排，保证旱涝保收。同时，结合村镇道路建设，确保功能区大、中型农机具通行便利。

重点做好：①小型农田水利设施、田间工程和灌区末级渠系的新建、修复、续建、配套、改造；②山丘区小水窖、小水池、小塘坝、小泵站、小水渠等"五小水利"工程建设；③发展节水灌溉，推广渠道防渗、管道输水、喷灌滴灌等技术；④骨干农田水利建设（圩区整治、大中型灌区泵站改造、农村灌排河道整治、小型水库建设加固等）。

根据一等一级标准农田的质量标准，建设目标是达到一日暴雨一日排出或抗旱能力 70d 以上/一日暴雨二日排出或抗旱能力 50~70d。冬季地下水位保持在 80~100cm 或 50~80cm 或 100cm 以上。对已建标准农田进行配套的新、改、扩建三面光排灌沟渠、排灌机埠和农用电线为主的建设，重点维修破损、毁坏的基础设施。田间道路配套建设要求在布局合理，顺直通畅的前提下，以满足中型以上农业机械通行为主；同时配套桥、涵和农机下田（地）设施。丘陵地区的农田要按照有利于水土保持的原则，建成等高水平梯田。粮食功能区内农田基础设施的建设目标和要求如下。

（1）平整田面。农田田面高低落差不大于 5cm，平原区农田要求基本格式化。

（2）田间道路。通过修复和新建达到田间道路成网，布局合理，主支配套，能适应大、中型农机下田作业。具体规格是：主机耕路宽 3m 以上，支机耕路宽 2m 以上，均两边砌石，混凝土压顶，宕渣路基，砂石路面。主机耕路力求硬化路面。同时，因地制宜，设置一定数量的农机交汇点和农业机械下田坡。选择适宜树种，搞好农田林网建设，增强抗灾减灾能力和提高生态景观效果。

（3）排灌渠系。通过整理、疏浚和开沟，达到排灌分设（山垅田除外）、泵站、涵闸设置合理、排灌畅通。使灌溉保证率平原区在 90% 以上，山丘区 75% 以上，地下水位控制在 60cm 以下，排涝标准十年一遇，排灌渠因地制宜采用混凝土现浇、预制 U 形渠、干（浆）砌石或低压管道（PVC 塑料管），提高排灌效果。

（4）四周环境。周边河道水系应定期疏浚清淤，达到旱能灌，涝能排，保证旱涝保收。同时，结合村镇道路建设，确保功能区大、中型农机具通行便利。

对于沿海区域与山区，应做好强塘固防提高防灾减灾能力的工作；实施水库山塘除险加固、沿海海塘及水闸加固、万里清水河道等工程。坚持工程措施和非工程措施相结合，统筹兼顾，标本兼治，着力抓好防汛防台工作。强化水库山塘、海塘斗闸及小水电等水利工程设施的安全管理，推进防汛信息化和水文设施标准化建设。同时应注意加强水利设施管理，加强水库、河道、海塘及斗闸、机电设施、供水设施等的管理。

第九章 温州市中低产耕地改良与利用

保护耕地数量与提高耕地地力，对于农业生产、社会稳定与可持续发展至关重要。温州市人多地少，为切实保护好耕地，维持温州市的长远发展，必须十分重视耕地地力的提升，做好中低产耕地的改良工作。针对温州市耕地土壤的存在问题，在中低产田改造时，应重点做好农田抗旱排涝治理、土壤有机质提升和酸性土壤和盐土的治理。

第一节 滨海盐土的改良与利用

滨海盐土是温州市重要的土壤资源，也是境内耕地的后备资源，充分利用滨海盐土资源对缓解温州市耕地占补平衡瓶颈制约有重要意义。温州市围垦历史悠久，1949—2005年底建成为丁山一期、永兴围垦南、北片、浅滩一期、南塘围塘、宋埠围垦等244个（其中1 000亩以下小围垦区块219处）围垦项目，涉及总面积17.02万亩。2005年以来至2015年底建成浅滩一期、状元岙港区一期、丁山二期、宋埠-西湾围垦等34个围垦项目，涉及总面积17.21万亩。同时，瓯飞一期、龙湾二期、黄岙二期、环岛西片、丁山三期西片围垦、西湾北片等6个在建围垦工程处于加速建设阶段，涉及面积21.89万亩。据2016年统计，北起乐清湾内跃进水闸，南至浙闽交界的苍南县虎头鼻之间沿海理论深度基准面（至黄海高程-8m）以上的滩涂资源面积为97.19万亩，其中适宜于造地的规划滩涂区面积约为67.2万亩，涉及海涂资源面积66.83万亩。按行政区统计，沿海、沿江8个县（市、区）分别是：乐清市7.03万亩、永嘉县0.19万亩、鹿城区0.08万亩、龙湾区17.71万亩、瑞安市11.33万亩、平阳县9.58万亩、苍南县9.45万亩、洞头县11.83万亩。温州市分布在不同时期形成的滨海盐土，应采取不同的改良利用方式加以改良与利用。

一、新围滨海盐土的洗盐熟化改良

新围海涂由于成土时间短，土壤均有不同程度的盐碱危害，且土壤有机质低下，缺氮、缺磷较为明显，土质黏重、坚实。据调查，温州市新围海涂土壤含盐量较高，多数在6g/kg以上。这类土壤的利用或为荒地或已被耕为耕地用于旱作和种植果树，在改良利用时应以洗盐、淡化和培肥为主要方向。做好涵洞建设，防海水倒灌；平整土地，开挖灌排渠道，以利洗盐排碱，加快土壤和地下水淡化；积极种植耐盐的绿肥或套种绿肥，配施磷肥，增施有机肥，培肥土壤。并注意铁等微肥的施用，预防作物缺铁。

（一）改良技术措施

1. 平整土地

地面不平是形成盐斑的重要原因，平整土地有利于消灭盐碱斑，还有利于提高灌溉的质量，提高洗盐的效果。同时，通过深耕，逐年增加耕作深度，促进土壤熟化。

2. 化学改良

一般通过施用氯化钙、石膏和石灰石等含钙的物质，以代换胶体上吸附的钠离子，使土壤颗粒团聚起来，改善土壤结构。也可施用硫黄、硫酸亚铁、硫酸铝、石灰硫黄和腐殖酸等酸性物质，中和土壤碱性。

3. 灌溉洗盐

新围涂盐碱地改良要有全局观念，应从有利于区域水盐平衡着眼，因地制宜，对水土资源进行统一规划、综合平衡，建立完善的排水、排盐配套设施，合理确定进出水口距离，才能彻底达到改良利用盐碱地的目的。许多盐碱土地下水位高，可采用修建明渠、竖井、暗管排水降低地下水位。盐分一般都累积在表层土壤，通过灌溉将盐分淋洗到底层土壤，再从排水沟排出。

4. 培肥改良

采用多种途径增加土壤有机物质的投入。

（1）发展冬绿肥。推广种植冬绿肥，包括紫云英、蚕豌豆、黑麦草等。及时压青翻压或老熟收籽后还田，翻耕后灌水。要求每亩压青鲜草 2 000kg 左右或老熟全部还田，压青翻压要配施石灰和速效氮肥。

（2）实施传统秸秆还田。作物收获后将秸秆直接还田，要求每亩还田秸秆干重在 375kg 左右，并及时翻压。

（3）秸秆快速腐熟还田。应用秸秆腐熟剂将秸秆快速腐熟还田的新技术，要求秸秆全量还田并且亩施秸秆腐熟剂 2kg。

（4）增施商品有机肥。应用商品有机肥要求每亩用量：水稻田 200kg 以上，蔬菜地 300kg 以上。

（5）增施农家肥。提倡应用农家肥，包括厩肥、堆肥、饼肥、沤肥、泥肥、沼气肥等。要求每亩用量折厩肥 750kg 以上。全面推广测土配方施肥技术，以畈为单位，提出不同作物施肥建议，制订配方施肥建议卡，推广应用配方肥，重视氮肥和磷肥的施用。

（二）改良技术框架

为了有效改良新围海涂，温州市农业农村局开展了泡田、化学改良、翻耕次数和定额泡田洗盐等系列试验，探讨了海涂围垦盐碱地快速改良技术。建立了图 9-1 所示的盐碱地改良技术框架。

（三）泡田的降盐效果

1. 耕作层土壤盐分横向分布情况

结果表明，泡田 5d 后，耕作层土壤含盐量由进水口至出水口的横向分布特征为中间高，两头低（图 9-2）。耕作层土壤含盐量最低处位于距进水口 5m 处，该处土壤含盐量为 6.26 g/kg；其次为出水口，该处土壤含盐量为 7.8g/kg；耕作层土壤含盐量最高点为距进水口 10 m 处，该处土壤含盐量为 10.03g/kg；其余横向地块耕作层土壤含盐量大致相当，土壤含盐量均在 8.2g/kg 左右。

2. 泡田时间对土壤剖面盐分的影响

泡田洗盐试验结果表明，泡田 5d、7d、10d、15d 后耕作层土壤含盐量分别降至 8.58g/kg、6.76g/kg、6.36g/kg 和 4.33g/kg（图 9-3），与对照相比，耕层土壤脱盐率分别为 1.49%、22.39%、26.98 和 50.29%（表 9-1）。随着泡田时间的延长，0~20cm、60~100cm 土层盐分较对照均有不同程度下降，而 20~40cm 土层盐分则出现上升。其主要原因可能是由于 0~20cm 土层盐分不断被淋洗至 20~40cm 土层，从而导致 20~40cm 土层盐分含量累积。同时，60~100cm 土层盐分随土壤底层水分从进水口向出水口横向排，导致 60~100cm 土层盐分下降。

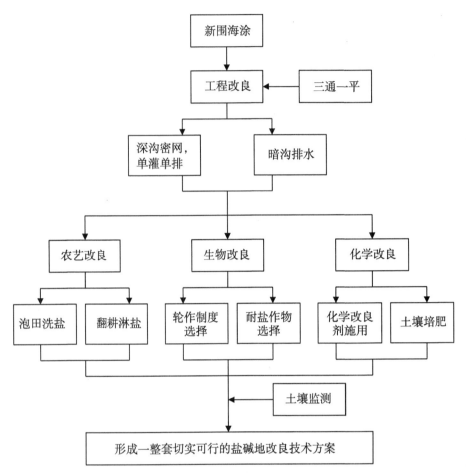

图 9-1 盐碱地改良总体思路

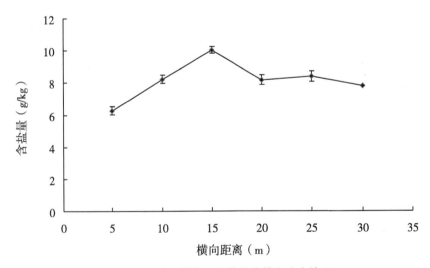

图 9-2 试验区耕作层土壤盐分横向分布情况

表 9-1 不同泡田时间对土壤剖面脱盐率的影响 单位:%

土层	泡田 5d	泡田 7d	泡田 10d	泡田 15d
0~20cm	1.49	22.39	26.98	50.29

（续表）

土层	泡田 5d	泡田 7d	泡田 10d	泡田 15d
20~40cm	-8.44	0.11	-4.45	-1.48
40~60cm	-9.06	-2.10	2.10	4.97
60~100cm	4.40	21.70	20.34	18.24

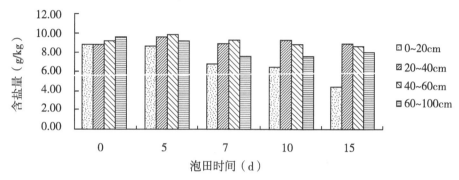

图 9-3　不同泡田时间对土壤剖面盐分含量的影响

（四）化学改良剂对土壤盐分和水稻生长的影响

1. 对盐分的影响

化学改良试验结果表明，施用禾康、施地佳后耕作层土壤含盐量分别降至 6.40g/kg 和 6.74 g/kg（图 9-4），与对照相比，耕层土壤脱盐率为 5.33% 和 0.3%（表 9-2）。同时，改良剂 A、改良剂 B 与禾康均能不同程度地降低中间土层（20~40cm、40~60cm）含盐量。

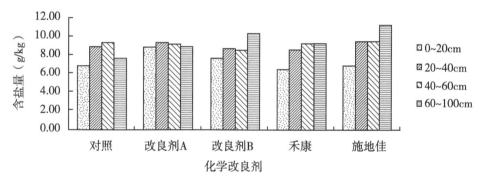

图 9-4　不同化学改良剂对土壤剖面盐分含量的影响

表 9-2　不同化学改良剂对土壤剖面脱盐率的影响　　　　单位：%

土层	改良剂 A	改良剂 B	禾康	施地佳
0~20cm	-28.55	-11.83	5.33	0.30
20~40cm	-5.71	2.51	2.97	-6.74
40~60cm	1.73	8.87	0.65	-1.73
60~100cm	-17.94	-35.88	-21.42	-49.53

经不同化学改良剂后，采用水稻种植措施可明显降低盐碱地的土壤盐分含量（图 9-5）。种植

20d 后，水稻生长至返青分蘖期，该时期不同处理耕作层土壤盐分含量均降至 5.8g/kg 左右，与对照田块极为接近。水稻灌浆期间，耕作层土壤含盐量出现小幅度上升，其主要原因可能是灌浆期间干湿交替的水分管理导致土壤返盐。水稻成熟期间，禾康处理田块土壤盐分含量降至 4.8g/kg，明显低于对照，该时期禾康处理田块土壤盐含量达到水稻生育期的最低值。

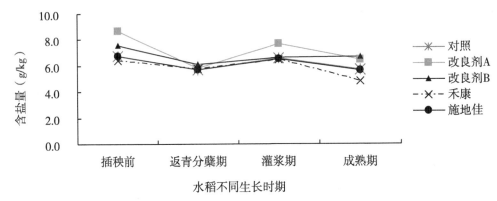

图 9-5　化学改良后水稻不同生育期耕作层土壤含盐量的变化

禾康通过有机物络合融溶原理，利用土壤本身条件实现土壤的改良和修复，适用于中、低产田改造和盐碱地治理。施地佳兼具化学和生物改良土壤双重功效，通过加强微生物活性，刺激有机酸分泌，调节土壤结构和理化状态，改善盐碱地水分的渗透，使受约束的水分和营养转为可用状态而促进作物生长和增加产量。此外，石膏作为传统的化学改良剂，提供 Ca^{2+} 置换土壤颗粒上吸附的 Na^+，增加 Na^+ 的可移动性和颗粒间的连接力，改善土壤结构，调节土壤 pH 值和碱化度，加速洗盐排碱过程。

2. 对水稻分蘖期主要农艺的影响

化学改良试验结果表明，施加改良剂 A、改良剂 B、禾康和施地佳后，水稻有效分蘖数明显增加，株高增长，剑叶伸长加宽。与对照相比，有效分蘖数分别提高了 1.33 倍、1.27 倍、3.24 倍和 3.33 倍；株高分别增长了 9.78%、9.61%、12.98% 和 17.15%；剑叶分别伸长了 12.20%、17.68%、21.34% 和 13.72%；剑叶分别加宽了 16.26%、17.07%、17.07% 和 22.76%（表 9-3）。可见在新围涂盐碱地改良过程中，合理应用化学改良剂对水稻分蘖期间农艺性状能起到一定改良作用。

表 9-3　不同化学改良剂对水稻分蘖期主要农艺性状的影响

处理	有效分蘖数（个）	株高（cm）	剑叶长（cm）	叶宽（cm）
对照	3.3	62.4	16.4	1.23
改良剂 A	7.7	68.5	18.4	1.43
改良剂 B	7.5	68.4	19.3	1.44
禾康	14	70.5	19.9	1.44
施地佳	14.3	73.1	18.65	1.51

3. 对水稻穗部结构及产量的影响

化学改良剂对水稻穗部结构具有明显改良作用，其作用依次为：禾康>施地佳>改良剂 B>改良剂 A。施加禾康后，水稻结实率提升至 90.3%，千粒重达到 22.5g，比改良剂 A 分别提高了 55.2% 和 1.12 倍（表 9-4）。施加化学改良剂能不同程度地提高水稻产量，其作用依次为：施地佳>禾康>改良剂 B>改良剂 A。施地佳处理后，水稻产量达到 69kg/亩。可见在新围涂盐碱地改良过程中，合理应用化学改良剂对提升水稻产量能起到一定作用。

表 9-4　不同化学改良剂对水稻穗部结构及产量的影响

| 处理 | 行株距（cm） | 每亩丛数（丛） | 有效穗（穗） | 穗部性状 | | | | 产量 |
				每穗总粒（粒）	每穗实粒（粒）	结实率（%）	千粒重（g）	实产（kg）
对照	22×24	12 600	—	—	—	—	—	0
改良剂 A	22×24	12 600	7.2	67.2	39.1	58.2	10.62	5
改良剂 B	22×24	12 600	7.3	67.1	58.6	87.3	20.3	4
禾康	22×24	12 600	9.3	86.3	77.9	90.3	22.5	47
施地佳	22×24	12 600	10.3	94.9	84.1	88.6	18.6	69

（五）翻耕次数对土壤盐分和水稻生长的影响

1. 对土壤剖面盐分含量的影响

翻耕试验结果表明，翻耕 2 次、4 次、6 次后耕作层土壤含盐量分别降至 7.91g/kg、6.72g/kg 和 6.83g/kg（图 9-6），与对照相比，耕层土壤脱盐率分别为 2.59%、16.75% 和 15.89%（表 9-5）。随着翻耕次数的增加，0~20cm、60~100cm 土层盐分含量呈现下降趋势，翻耕 4 次以上，耕层土壤含盐量基本维持在 6.8g/kg；而 20~40cm 土层盐分则出现不同程度地积累。其主要原因可能是由于土壤翻耕后，0~20cm 土层盐分不断被淋洗至 20~40cm 土层，从而导致 20~40cm 土层盐分含量累积。同时，60~100cm 土层盐分随土壤底层水分从进水口向出水口横向排出，导致 60~100cm 土层盐分下降。

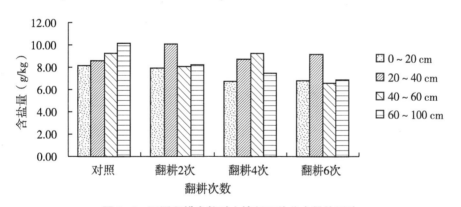

图 9-6　不同翻耕次数对土壤剖面盐分含量的影响

表 9-5　不同翻耕次数后对土壤剖面脱盐率的影响　　　　　　　　　　单位：%

土层	翻耕 2 次	翻耕 4 次	翻耕 6 次
0~20cm	2.59	16.75	15.89
20~40cm	-16.96	-1.74	-6.97
40~60cm	12.24	-0.11	28.39
60~100cm	19.05	26.26	31.98

2. 对水稻穗粒结构及产量的影响

翻耕 2 次后，水稻有效穗数、结实率和产量均有不同程度的提高，与对照相比分别提高了

7.77%、5.34%和19.39%（表9-6）。水稻种植期间，翻耕6次处理田块遭遇病害导致减产，收获时实产仅为10kg。

表9-6　翻耕次数对水稻穗部结构及产量的影响

处理	行株距（cm）	每亩丛数（丛）	有效穗（穗）	穗部性状				产量
				每穗总粒（粒）	每穗实粒（粒）	结实率（%）	千粒重（g）	实产（kg）
对照	22×24	12 600	10.3	117.2	109.8	93.7	23.2	82.5
翻耕2次	22×24	12 600	11.1	111.3	104.9	94.2	23.3	98.5
翻耕6次	22×24	12 600	6.9	89.9	78.5	87.3	19.2	10

（六）定额泡田时间对土壤盐分的影响

定额泡田洗盐试验结果表明，泡田达到20d后，第1、第2丘耕作层（0~20cm）土壤含盐量分别降至4.85g/kg和5.125g/kg，与泡田前相比，耕层土壤脱盐率分别为39.4%和24.1%（表9-7）。日灌水900m³/hm²，泡田20d，总灌水量18 000m³/hm²后，第1丘耕层土壤含盐量基本稳定在4.9g/kg左右。

随着泡田时间的延长，0~20cm土层盐分呈现下降趋势，而20~40cm和40~100cm土层盐分则在泡田15 d时出现小幅的反弹之后又下降。其主要原因可能是泡田期间0~20cm土层盐分不断被淋洗至20~40cm和40~100cm土层，从而导致在15 d时20~40cm和40~100cm土层盐分含量累积量超过排出量。同时泡田20 d后，第1、第2丘田块0~20cm和20~40cm土层盐分含量均保持在一定的水平，其主要原因可能是长期泡田导致土壤在20~40cm处形成了新的犁底层。因此，定额泡田试验应结合机械翻耕，通过翻耕疏松土块，切断毛细管，提高土壤活性和通透性，防止犁底层的形成。经泡田7d、翻耕2次、种植水稻的综合处理后，耕层土壤盐分含量最低约3.2g/kg，水稻实产最高约98.5kg/亩。

表9-7　定额泡田处理后不同土层土壤含盐量　　　　　　　单位：g/kg

田块	土层	不同泡田时间					
		0d	5d	10d	15d	20d	30d
第1丘	0~20cm	7.61	6.58	5.33	5.70	4.85	4.9
	20~40cm	8.95	6.20	5.20	8.55	6.6	6.8
	40~100cm	9.59	7.23	6.85	9.15	6.075	7.6
第2丘	0~20cm	9.07	7.55	5.48	6.125	5.125	—
	20~40cm	10.02	9.10	8.73	9.025	8.775	—
	40~100cm	9.78	9.15	7.85	9.5	8.175	—

（七）种植水稻对耕层土壤盐分含量的影响

采用水稻种植措施可有效降低新围海涂地内土壤盐分含量（表9-8）。水稻收获后，试验地耕层土壤盐分含量降至3.20~6.75g/kg，与水稻种植前相比，脱盐率平均达25.93%。第10、第11丘田块种植水稻后，耕层土壤盐分含量分别降至5.2g/kg、3.2g/kg，脱盐率达35.96%、59.54%。有研究表明，植物根系活动可以激活土壤中的 CaCO$_3$ 并加速其溶解，提供充分的 Ca^{2+} 以替代 Na$^+$，从而改善土壤理化性质并加速脱盐。同时，植物根系向土壤中释放的柠檬酸、苹果酸等有机酸、酶及脱落的根冠细胞和残留的根系有利于土壤微生物活动，可促进磷、氮、铁和铜等营养元素的溶解，提供土壤肥力。

表 9-8　水稻种植前后不同田块耕层土壤含盐量

指标	处理								
	2	4	6	7	8	9	10	11	12
种植前土壤含盐量（g/kg）	8.58	6.76	8.69	7.56	6.4	6.74	8.12	7.91	6.83
收获后土壤含盐量（g/kg）	6.75	5.7	6.5	6.7	4.8	5.6	5.2	3.2	5.3
耕层脱盐率（%）	21.33	15.68	25.20	11.38	25.00	16.91	35.96	59.54	22.40

采用泡田洗盐、化学改良、机械翻耕及水稻种植等综合改良措施后，试验地耕层土壤盐分含量平均降至 5.37g/kg，脱盐率平均达到 32.9%。其中第 11 丘田块经泡田 7d、翻耕 2 次、种植水稻的综合处理后，耕层土壤盐分含量降至 3.2g/kg，脱盐率达到 60%；第 8 丘田块经泡田 7d、翻耕 4 次后，施用禾康、种植水稻的综合处理后，耕层土壤盐分含量降至 4.8g/kg，脱盐率平均达到 40%（表 9-9）。可见采用泡田洗盐、化学改良、机械翻耕及水稻种植等综合改良措施可明显降低盐碱地内耕层土壤盐分含量。

表 9-9　综合改良后不同田块耕层土壤含盐量

指标	处理									
	1	2	4	6	7	8	9	10	11	12
耕层土壤含盐量（g/kg）	4.9	5.8	5.7	6.5	6.7	4.8	5.6	5.2	3.2	5.3
耕层土壤脱盐率（%）	38.75	27.5	28.75	18.75	16.25	40	30	35	60	33.75

盐碱地改良过程中，水量管理是重中之重。采取日灌夜排的方式，白天灌入淡水，傍晚排出咸水，充分溶提盐分，防止返盐。水稻秧苗移栽至返青期间，每隔 2~3d 换一次新鲜水，并保持 3~5cm 深的水层，此时稻田裸露，水分蒸发量大，必须靠水护苗，切忌落干搁田。分蘖期要浅水促蘖，水层须降至 3~4cm。有效分蘖终止期至拔节初期可轻度晒田，抑制无效分蘖的过度增长，改善根系的还原环境，控制基节伸长。孕穗至抽穗开户期是水稻需水的关键时期，此时必须保持 3~5cm 的水层。水稻出穗后，根系生长速度急剧下降，其吸收能力依赖于土壤供氧状况，而盐碱地土壤结构黏实，加之此时水稻生长繁茂，田间水分蒸发量小，所以应采取浅湿干交替的灌溉方法，前期以浅湿为主，后期以湿干为主，通过增加土壤含氧量，消除有毒的还原物质，维持根系活力。盐碱地不可断水过早，防止返盐返碱造成植株早衰，但过迟也不利收割作业及稻谷水分的降低，一般在收割前 10d 后落干停水。

二、滨海平原土壤的培肥改良

这一类土壤位于滨海平原内侧的广阔地带，地势平坦，河道密布，是重要的农业区。土壤类型以水稻土为主，其次为潮土，土壤包括淡涂泥田和淡涂泥。主要用于种植蔬菜等经济作物和水稻。该类土壤已基本脱盐，主要问题是耕作熟化层较薄，有机质较低，土壤有机质偏低；土壤结构性差，表现为板结。在改良利用时应以培肥为主，增施有机肥，套种绿肥扩大有机肥源，培育土壤肥力，改善土壤耕性、通透性；重视磷肥的施用，磷肥重点在春季作物上施用。同时，搞好农田基本建设，提高抗旱能力。有条件的区域可考虑水旱轮作，以改善土壤物理性质。旱作和果园应注重开沟排水，深翻晒田，逐步加深耕作层。

第二节　平原区水田土壤的改良

一、水网平原土壤的防涝治渍

温州市的水网平原因水系发达，河网纵横，水源丰富，是粮、果、蔬菜和淡水鱼的主要产区。这些平原的低洼区域易受洪涝灾害的影响，土质较黏，内排水差，可形成土壤的渍水和潜育化，影响作物的正常生长。土壤类型主要有黄化青紫垆黏田、青紫垆黏田和烂泥田。在改良利用时应以疏通河道，改善排水系统，抗洪排涝、消除渍害、提高土壤内外排水能力为主，并注重合理水旱轮作，改善土壤物理性状，协调水、肥气之间的矛盾；适当施用有机肥，稳定土壤有机质。这类耕地需在改善农田基础设施的基础上，通过下列措施提升地力。

（1）开深沟排水。降低地下水位，改善排水条件。

（2）改善土壤通透性。增施有机肥，提高土壤有机质，改善土壤结构性。通过种植冬绿肥、秸秆还田和增施商品有机肥，增加有机肥的投入，维持和增加土壤有机质的含量。有条件的地方，可逐年加入客土（河泥、细砂），适当掺砂增加土壤的透水性。

（3）适度深耕和水旱轮作。通过深耕，加深耕层厚度，改善理化性状，从而形成土壤结构良好、耕层厚度20cm左右、阳离子交换量15cmol/kg以上的耕作层，改善水稻生长环境。适当施用石灰物质，使土壤pH值达到6.5左右。根据土壤N、P、K状况，因缺补缺，促进土地养分平衡。

水网平原区是温州市古老而集约的农业区，土地肥沃；但这一地区土壤质地较黏重和地势较低，土壤囊水性强，通透性差，还原性强。应完善水利设施，采用降水治渍、水旱轮作和增施钾肥等方法提升地力。应全面布局，完善排水系统，采用暗沟、暗管、暗洞相结合，形成良好的排水系统，增强内排水能力，全面降低地下水位。应重点推广秸秆还田、稳定增加有机肥投入；实施排渠工程，提高排涝能力，降低地下水位；实施测土配方施肥，提高科学施肥水平；对于有机质较低的田区块要套种经济绿肥、增加施用商品有机肥，提高土壤有机质。

二、河谷平原土壤的防洪增肥

温州市西部地区高山狭谷，坡降大、水流急，河谷发育不典型，而近东部区域的山地由于受历史时期海侵、海退的多次影响，河谷较为宽广，以水稻土和潮土为主。土壤主要为培泥砂田、泥砂田、洪积泥砂田、培泥砂土、洪积泥砂土等。土壤母质以河流冲积物、冲洪积物、洪积物以及二元母质。土壤质地轻松，砂壤至重壤，以中壤为主。土壤有机质多为中等水平，耕性良好。土地的主要利用方式为粮果桑杂。该区土壤的主要存在问题是保肥性能差，存在旱涝威胁，近山溪谷地有冷水和渍害影响。在改良利用时，应从治山治水着手，完善渠系，扩大旱涝保收面积；增施有机肥，按土壤肥力水平施用氮磷钾肥。这些问题必须采取治山治水相结合的方法加以解除。重点做好修筑防洪堤坝，阻挡洪水，并完善渠系，达到能灌能排、旱涝保收的目标。在受冷水影响的区域，需要在治水治水的基础上，在农田周边修堤疏渠，近山地开环山沟，导出冷水潜水，要根除冷水的影响。在做好排灌渠道修整，提高抗旱排涝能力的同时，重点要种植冬绿肥，扩大有机肥源。实施测土配方施肥，提高科学施肥水平；地力低的区块在种植施用冬绿肥的同时，要配套应用秸秆还田和增加商品有机肥。

第三节　坡旱耕地的改良与利用

温州市坡旱地是旱地的主要类型，占旱地的80%以上。这一类土壤主要分布在丘陵低山区，土壤主要有红壤（砂黏质红泥、红泥土、红黏泥）、黄红壤（黄红泥、黄红泥土、砂黏质黄泥、黄黏泥）、红壤性土（红粉泥土）、酸性紫色土、饱和红壤和黄壤（山黄泥土、山黄泥砂土）等。分布区地形起伏较大，土地利用方式主要为果园和旱耕地，存在基础设施差、土壤肥力较低和水土流失等问题，水土流失导致土壤向粗骨化、贫瘠化演变，肥熟层较薄；土壤多呈酸性，存在季节性干旱。在耕地改良时应采取综合治理。在治理规划时，要山、水、田综合考虑，田、渠、路、林统一规划，水利先行；加强蓄水池、拦水坝建设，提高抗旱能力。作好农田本身和农田周围的水土保持工作；推广现有的农业科技成果，提高耕地抵抗不良因素的能力，包括以覆盖、耕作为中心的抗旱、避旱的农业技术、辟增有机肥源，套种绿肥，以园养园，提高土壤肥力，作物的合理施用氮磷钾肥、补充微量元素及石灰石粉施用技术。可从以下4个方面着手，进行耕地地力提升和土壤肥力保育。

一、水利工程措施

水利工程措施是防止坡旱地发生水土流失的重要措施，包括梯田、坡面蓄水工程和截流防冲工程和沟头防护工程、谷坊、沟道蓄水工程和淤地坝等。梯田是治坡工程的有效措施，可拦蓄90%以上的水土流失量。梯田的形式多种多样，田面水平的为水平梯田，田面外高里低的为反坡梯田，相邻两水平田面之间隔一斜坡地段的为隔坡梯田，田面有一定坡度的为坡式梯田。坡面蓄水工程主要是为了拦蓄坡面的地表径流，解决人畜和灌溉用水，一般有旱井、涝池等。截流防冲工程主要指山坳农田四周的截水沟，在坡地上从上到下每隔一定距离，横坡修筑的可以拦蓄、输排地表径流的沟道，它的功能是可以改变坡长，拦蓄暴雨，并将其排至蓄水工程中，起到截、缓、蓄、排等调节径流的作用。

沟头防护工程是为防止径流冲刷而引起的沟头前进、沟底下切和沟岸扩张，保护坡面不受侵蚀的水保工程。首先在沟头加强坡面的治理，做到水不下沟；其次是巩固沟头和沟坡，在沟坡两岸修鱼鳞坑、水平沟、水平阶等工程，造林种草，防止冲刷，减少下泻到沟底的地表径流；在沟底从毛沟到支沟至干沟，根据不同条件，分别采取修谷坊、淤地坝、小型水库和塘坝等各类工程，起到拦截洪水泥沙，防止山洪危害的作用。

二、生物工程措施

生物工程措施是通过造林种草、绿化荒山、农林牧综合经营以增加地面覆被率、改良土壤等手段来增强地表稳定性的重要水土保持措施。林草措施除了起涵养水源、保持水土的作用外，还能改良培肥土壤，提供燃料、饲料、肥料和木料，促进农、林、牧、副各业综合发展，改善和调节生态环境，具有显著的经济、社会和生态效益。生物防护措施可分两种：一种是以防护为目的的生物防护经营型，如丘陵护坡林、沟头防蚀林、沟坡护坡林、沟底防冲林、河滩护岸林、山地水源林等。另一种是以林木生产为目的的林业多种经营型，有草田轮作、林粮间作、果树林、油料林、用材林、薪炭林等。

三、保护性耕作措施

水土保持耕作法包括的范围很广，按其所起的作用可分为三大类。①以改变地面微小地形，增加地面粗糙率为主的水土保持农业技术措施：拦截地表水，减少土壤冲刷，主要包括横坡耕作、沟垄种植、水平型沟、筑埂作垄等高种植丰产沟等。②以增加地面覆盖为主的水土保持农业技术措施：其作用是保护地面，减缓径流，增强土壤抗蚀能力，主要有间作套种、草田轮作、草田带状间作、宽行密植、利用秸秆杂草等进行生物覆盖、免耕或少耕等措施。③以增加土壤入渗为主的农业技术措施：疏松土壤，改善土壤的理化性状，增加土壤抗蚀、渗透、蓄水能力，主要有增施有机肥、深耕改土、纳雨蓄墒、并配合耙糖、浅耕等，以减少降水损失，控制水土流失。

四、提高土壤肥力

可通过深耕翻、秸秆覆盖还田，种植绿肥，加厚耕作层，改善耕层的理化性状和养分状况。同时要增施有机肥，广开肥源，实行堆沤肥、秸秆肥、畜粪肥、土杂肥共用，以及粮肥轮作、粮豆轮作。通过深耕培肥，增厚熟化层。

1. 提高土壤有机质

旱坡耕地土壤有机质较低，应增加有机物料的投入。果园地可间作绿肥作物作为有机物料的来源；旱地可采用秸秆原位还田，培肥地力，有机肥每年施用 1 500~2 000kg/亩；有条件的地方面，也可采用种植与养殖结合的方式，来提高有机物质的投入。

2. 平衡施肥

旱坡地缺钾明显，应重视钾肥的投入，有针对性的施用磷肥及中微量元素，保护土壤养分平衡，降低环境风险。

3. 改善土壤酸性

适当施用石灰质物质中和土壤酸度，消除活性铝毒害。

第四节　连作蔬菜地的改良与管理

近 30 多年来，温州市蔬菜种植面积逐年增加，特别是设施蔬菜栽培迅猛发展，逐步形成了以各种类型塑料大棚为主体的设施栽培体系，对提高蔬菜产量和产值，保证产品周年均衡供应发挥了重要作用。但是，因设施蔬菜生产具有高度集约化、复种指数高和作物种类单一等特点，随着连作年限的增加，导致土壤理化和生物学性状恶化、土传病虫害加重、蔬菜产量降低、品质变劣等不良现象，严重制约了蔬菜生产可持续发展。

一、蔬菜连作障碍原因

引起蔬菜连作障碍的原因是复杂的，它是作物−土壤两个系统内部诸多因素综合作用的结果，主要包括以下 3 个方面。

1. 土壤理化性质劣化

蔬菜对矿质营养元素的吸收具有选择性和特异性，多年连作之后，其不需要或需要量较少的元素会在土壤中大量积累，导致养分失衡。其次，由于肥料的不合理施用、栽培管理措施不当、土壤水分蒸发强烈等原因易引起土壤物理结构的破坏及土壤次生盐渍化和酸化。

2. 植物的自毒作用

同种作物连年种植，作物根系分泌或残枝落叶分解过程产生的有毒物质，降低了作物的根系活性，刺激有害微生物的生长和繁殖，对同茬或下茬作物的生长产生抑制作用。

3. 土壤微生物区系失衡

伴随设施连作土壤理化特性的改变，土壤微生物区系结构也发生很大变化，硝化细菌、氨化细菌等有益微生物的生长受到抑制，而有害微生物大量繁殖，微生物的自然平衡遭到破坏，作物病虫害发生频繁，为害逐年加重。大量研究表明，连作土壤理化性质的异常并非植物灾害性减产的直接原因，而直接原因是土壤病原菌和植物寄生性线虫。许多研究把产生连作障碍的原因归纳为五大因子：土壤养分亏缺，土壤反应异常，土壤物理性状恶化，来自植物的有害物质，土壤微生物变化。在这五大因子中，土壤微生物的变化是连作障碍的主要因子。

二、土壤连作障碍的表现

1. 土壤质量下降

土壤由于连年采取同一农艺措施，施用同一的化肥，尤其是浅耕、土表施肥、淋溶不充分等情况下，导致土壤结构破坏、肥力衰退、土表盐分积累，加之同一种蔬菜的根系分布范围及深浅一致，吸收的养分相同，极易导致某种养分因长期消耗而缺乏，例如缺钾、钙、镁、硼的现象均有出现。另外，在大棚栽培的特定条件下，导致土壤酸化严重，影响作物正常生长和品质下降。

2. 病虫为害增强

反复种植同类蔬菜作物，土壤和蔬菜的关系相对稳定，使相同病虫大量积聚。尤其是土传病害和地下害虫，如茄子的黄萎病、褐纹病、绵疫病；番茄的早、晚疫病、白绢病、青枯病、病毒病；椒类的炭疽病、病毒病；黄瓜的枯萎病；大白菜的软腐病、根肿病，以及土栖害虫如线虫、根蛆等。

3. 土壤生态变差

由于植物根系向土壤中分泌对其生长有害的有毒物质的积累，"自毒"作用被强化，加之土壤酶活性变化，土壤有益菌生长受到抑制，不利于植物生长的微生物数量增加，导致土壤微生物菌群的失衡，影响作物的正常生长。

三、土壤连作障碍消除措施

1. 选用抗性品种

多应用对病虫害（如番茄枯萎病、黄萎病、根结线虫）具有高抗或多抗的蔬菜品种；也可采取嫁接育苗，利用抗性强的砧木进行嫁接育苗，可大大增强蔬菜抗病性，防止土传病害的效果为80%~100%，并提高抗寒性及耐热、耐湿、吸肥能力，进而提高产量。番茄通过嫁接育苗可以防治青枯病、褐色根腐病等病害，黄瓜嫁接可以防治枯萎病、疫病等，而且耐低温能力显著增强；嫁接后的增产效果十分明显。

2. 合理轮作

（1）水旱轮作。水旱轮作既可防治土壤病害、草害，又可防治土壤酸化、盐化。如夏秋种水稻，冬春种蔬菜。种植水稻使土壤长期淹水，既可使土壤病害受到有效控制，还可以水洗酸，以水淋盐，以水调节微生物群落，防治土壤酸化、盐化。从我国的实践来看，水旱轮作是克服连作障碍的最佳方式。

（2）旱地轮作。旱地轮作可以防治或减轻作物的病虫为害，因为为害某种蔬菜的病菌，未必为害其他蔬菜。旱地轮作中，粮菜轮作效果最好，其次是亲缘关系越远的，轮作效果越好。如茄果类、瓜类、豆类、十字花科类、葱蒜类等轮流种植，可使病菌失去寄主或改变生活环境，达到减轻或消灭病虫害的目的，同时可改善土壤结构，充分利用土壤肥力和养分。

各种蔬菜实行2~4年的轮作换茬，都有减少和减轻病虫害的明显效果，并有明显增产作用。将病残体、病果全部带出棚外，销毁或深埋，可减少病害基数，尤其是前茬作物腾茬后，彻底打扫清洁田园，再结合高温闷棚，能有效防治下茬蔬菜病虫害。

3. 合理施肥

（1）合理施用化肥。化学氮肥用量过高，土壤可溶性盐和硝酸盐将明显增加，病虫为害加重，产量降低，品质变劣。因此，在增施有机肥的基础上，合理施用化学肥料，可以在一定程度上减轻连作障碍。

（2）增施有机肥。施用有机物料和有机肥有利于对连作土壤微生态的改良。有机肥及有机物料富含多种养分和生理活性物质，可通过改善土壤结构，调节土壤水分、空气和温度，改善土壤胶体组成，促进稳定性团聚体形成来影响土壤的物理性状。增施有机物料和有机肥也有利于保持土壤养分平衡，缓解次生盐渍化，促进细菌、放线菌繁殖，改善土壤物群体结构，抑制病原微生物繁殖，减轻病害发生。

（3）推广配方施肥。按计划产量和土壤供肥能力，科学计算施肥量，由单一追氮肥改为复合肥，并要注重对微肥的使用，底肥中要包括锌、镁、硼、铁、铜等元素。

（4）施用微生物肥料。微生物肥料是指一类含有活微生物的特定制品，应用于农业生产中，能够获得特定的肥料和防病效应。施用生物肥，可增加土壤中有益微生物，明显改善土壤理化性状，显著提高土壤肥力，增加植物养分的供应量，促进植物生长。通过微生物的生命活动，不但能增加植物营养元素的供应，促进植物对营养元素的吸收利用，而且能产生植物激素，或拮抗某些病原微生物 EM 等微生物菌剂。

（5）基肥深施，追肥限量。用化肥作基肥时进行深施，作追肥时尽量"少吃多餐"，最好将化肥与有机肥混合施于表土以下，以免过多增加表层土壤的含盐量。追肥一般较难深施，故应严格控制每次施肥量，宁可用增加追肥次数的方法，也不可一次施肥过多，以免提高土壤溶液的浓度。

（6）提倡根外施肥。根外施肥不会增加土壤的盐分，应当大力提倡，特别是尿素、过磷酸钙以及磷酸二氢钾，还有一些微量元素，作为根外追肥都是适宜的，效果较快。

4. 科学耕作和灌溉

（1）加深土壤的翻耕。保护地土壤的盐类集聚呈表聚型，即盐类集中于土表层。在蔬菜收获后，进行深翻，把富含可卡因类的表土翻到下层，把相对含盐较少的下层土壤翻到上面，可以大大减轻盐害。

（2）实行垄作和地膜覆盖栽培。大棚蔬菜实行起垄定植，地膜覆盖，既便于膜下沟里浇水，减少土壤蒸发量，降低棚内空气湿度，抑制蔬菜病害的发生发展，又可防止土壤病菌的传播，从而减轻病害的发生。

（3）改进灌溉技术。设施蔬菜土壤膜下滴灌可改善土壤的生态环境，提高作物的抗病性。

（4）撤膜淋雨溶盐或灌水洗盐。待夏熟菜收获结束后，利用换茬空隙，揭去薄膜，在雨季如有数十天不盖膜，日晒雨淋，对于消除土壤障碍是一项简易可行的有效措施，不仅可以洗盐，而且可以杀灭病菌，有利于下茬的高产稳产。

（5）地面覆盖。用地膜或秸秆进行地面覆盖，对于抑制土表积盐有明显作用。据试验，用锯木屑、稻草、地膜、菜叶等覆盖于表土上，能降低土表盐分含量，保持田间土壤湿度，其中地膜和锯末屑的降盐效果最好。

5. 土壤消毒

（1）热水消毒。此技术是日本农业科技人员开发出来的。其具体做法是，用85℃以上的热水浇淋在土中，杀灭土壤中的病原菌和害虫及虫卵，这种方法简单有效，而且不改变土壤的理化性质，无任何污染。日本现在已经开发出烧水和浇水专用车，在蔬菜地里大规模使用。但在我国，鉴于农户的承受能力和可操作性，热水消毒的办法仅限于在苗床地使用。

（2）高温焖棚。在设施栽培的条件下，炎夏高温季节，耕翻土地后，盖地膜+大棚膜，将设施密闭，其温度可以达到50℃以上，可以有效地杀灭部分土传病害和虫卵。这种方法简便易行，很适宜当前农民采用。

（3）石灰氮消毒。石灰氮可纠正土壤酸化，施后盐基浓度也不上升，又可除草，杀灭病虫害。

（4）使用土壤消毒药剂。土壤连作障碍的主要表现之一就是土传病害的为害，因此，使用药剂进行土壤消毒，可以在一定程度上消除或减弱土壤连作带来的为害。现在市场上的药剂主要有绿亨一号、绿亨二号、敌克松等。

（5）使用生物制剂。现在市场上防治土壤连作障碍的生物制剂较少，主要有重茬剂、NEB（恩益碧）等。这些药剂可促进作物根际有益微生物群落大量繁殖，抑制有害菌生长，减少病菌积累，调节营养失衡，酸碱失调，提高根系活力，增强抗性。

6. 利用植物的化感作用

许多植物和微生物可以释放一些化学物质来促进或抑制同种或异种植物与微生物的生长，这种现象称为化感作用。合理利用植物间的化感作用，不仅可以有效地提高连作土壤栽培的蔬菜产量，并且在减少病害方面也有良好效果。十字花科作物的残体在土壤中分解产生含硫化合物可减少下茬作物的根部病害。葱蒜类蔬菜的根系分泌物，如大蒜的大蒜素，对多种细菌和真菌具有较强抑制作用。线虫为害加重是设施蔬菜连作障碍的主要特征，有日本学者提出用对抗植物防治根结线虫的策略，这些植物分泌的物质可阻碍线虫发育或使线虫致死，主要是菊科和豆科植物。

第五节　高产农田基础设施建设与培肥管理

水稻土是温州市最重要的耕地土壤，因此培育高产水稻土对全面提升这一地区耕地地力有重要的意义。高产水稻土的特点是耕层深厚（20cm左右），犁底层不太紧实，淀积层棱块状结构发达，利于通气透水，剖面中无高位障碍层次（如漂洗层、潜育层或砂砾层）；质地适中，耕性良好，水分渗漏快慢适度，养分供应协调。但高产水稻土仍须有相应的土壤管理措施才能实现高产。

一、高产农田土壤的肥力特征

水稻产量高的农田土壤其水、肥、气、热等肥力因素比较协调，也易于被人们调节和控制，作物按其高产生理的要求，能从这类土壤中获得水、肥、气、热的充分供应，最大限度地满足其各生育期的生理需要。温州市高产稳产水稻土的基本特点是耕层深厚（15~18cm），犁底层不太紧实，淀积层棱块状结构发达，利于通气透水，其下为潜育层或母质层，剖面中无高位障碍层次（如潜育层或砂砾层）；质地适中，耕性良好，水分渗漏快慢适度，养分供应协调。

1. 土体构型和物理性状良好

高产田的剖面构造一般都具有深厚的耕作层，发育适当的犁底层，水气协调的淋溶淀积层和青泥层或母质层。一般要求其耕作层达15~18cm，总孔隙度较大。其次是有发育适当的犁底层，厚5~7cm，土色暗灰，呈扁平的块状结构、较紧实。灌水期起着托水保肥的作用。但高产土壤犁底层不宜过紧过厚，以利土壤通气、透水和根系的伸展。再次水气协调的淋溶淀积层，此层厚度都在40~50cm，受地下水升降和季节性水分淤积的影响，垂直节理明显，结构棱柱状或棱块状，水气比较协调，并有大量铁质的淋溶和淀积，形成锈斑、锈纹。地下水位以在80~100cm为宜，以保证土体的水分浸润和通气状况。三相比例适宜，供应和协调水稻生长所需的水、肥、气、热能力较强。

2. 质地适中、渗漏量适当

土壤肥力状况受土壤质地的影响，高产水稻土既要有一定的保水、保肥能力，又要有一定的通气、透水性，质地过砂过黏都不适宜，一般以中壤至重壤为好。良好的土壤渗漏量指标为10~15mm/d。而适宜的地下水位是保证适宜渗漏量和适宜通气状况的重要条件。日渗漏量适度，通过水分的渗漏可将灌溉水中的溶解氧带入耕作层及以下层次，来补充氧气不足，协调水、气矛盾，有利于土壤肥力的发挥。当然渗漏量过大就成了漏水田，使耕作层的养分大量漏失，对水稻生长不利。渗漏量过小，土体上部持水，溶解氧得不到补充，土壤中的还原性物质增多，会产生毒害作用，对水稻的生长也不利。

3. 丰富的土壤有机质和养分

耕作层中的有机质、氮、磷、钾不仅贮量比较丰富，有效养分较多，而且供肥力强，氮、磷、钾等养分之间比例也比较适当，能较好地满足作物生育的各个阶段对养分的需要，使土壤供肥与作物的生理需要相谐调。高产土壤还有较好的保蓄养分的能力，能持续稳匀地供给作物。其中，土壤有机质以 20~50g/kg 为宜，过高或过低均不利水稻生育；全氮含量大于 2.0g/kg，土壤速效磷>20mg/kg，速效钾>100mg/kg。

二、高产农田基础设施建设与培肥管理

1. 搞好农田基本建设

这是保证水稻土的水层管理和培肥的先决条件。据调查，低产水稻土和高产水稻土，其耕作层养分含量相差不大，而低产水稻土往往由于地下水位高，土壤剖面下层水多、气少、三相不协调，致使水稻产量徘徊不前。搞好农田基本建设，能在最大限度削弱自然因素如气候、地形、水文等对土壤肥力因素的不利影响、增强抗御自然灾害的能力，是建设高产稳产水稻土的根本性措施。建设目标是按标准农田规范化改造建设，达到一日暴雨一日排出和抗旱能力 50~70d，冬季地下水位保持在 50cm 以下，基本形成农田网格化，田面平整、田地成方，沟渠路配套的建设要求。

2. 增施有机肥料

水稻生长需要的营养主要来自土壤，所以增施有机肥，包括种植绿肥在内，是培肥水稻土的基础措施。根据对高产土壤有机肥质含量的调查与分析，在建设和培育高产稳产的水稻土过程中，通过增施有机肥是提高土壤有机质含量的主要措施。推广种植绿肥，可以增加土壤有机质含量，还可以激发土壤原有的有机质分解，促进养分转化，保持地力常新。推广稻草秆、麦秆、油菜秆等秸秆还田，也具有良好的培肥作用。建设目标是每年增施商品有机肥 200~300kg/亩；冬闲田冬种绿肥面积达到 90% 以上；引导和鼓励农户做好作物秸秆还在粮田里，做到粮食作物秸秆还本田量达到50%。通过连续几年建设，促使全区标准农田的土壤有机质含量达到 35g/kg 以上，土壤阳离子交换量达到 15~20cmol/kg，土壤容重保持在 1.1g/cm³ 左右，改善耕层质地，使耕层土壤达到砂、黏适中。

3. 水旱轮作与合理灌排

这是改善水稻土的温度、Eh 值以及养分有效释放的首要土壤管理措施。水稻分蘖盛期或末期要排水烤田，可以改善土壤通气状况，提高地温，土壤发生增温效应和干土效应，使土壤铵态氮增加，这样在烤田后再灌溉时，速效氮增加，水稻旺盛生长。特别是低洼黏土地烤田，效果更显著。

4. 平衡土壤养分

通过推广配方施肥技术，合理配施氮、磷、钾及中微量元素，促进土壤养分基本保持平衡，以满足作物生长需求。根据二等田土壤养分状况，"控氮、稳磷、增钾"，促使土壤有效磷含量保持在 20~30mg/kg，速效钾含量达到 100~150mg/kg。

5. 调节土壤酸碱度

土壤偏酸或酸性太强，不利作物生长与养分吸收，还易引发各种病害。根据土壤检测，温州市农田土壤酸化现象严重，通过合理增施生石灰，将土壤 pH 值提高到 6.0 左右。施生石灰量可依据土壤酸化程度，每年亩施 50~100kg。

三、加强肥力动态监测

以现有耕地地力监测点为基础，完善高产水田定位监测点管理制度。监测内容：对监测点的土壤、植株样本分析，并对气候、施肥及养分平衡情况、生产管理、产量等进行调查。对每个监测点

建立监测档案，以县（市、区）为单位建立地力监测数据库。监测成果应用：根据监测数据定时向当地政府及上级业务主管部门提供标准农田质量现状与预测预警报告，提出培肥措施、利用方式及施肥建议等。建立耕地地力长期定位观察点，准确预测全县耕地地力变化情况。采取有效措施，着手制订耕地地力保护建设中长期规划，逐步建立耕地地力保护建设及监管的长效机制。

第十章 温州市标准农田地力提升技术措施

"藏粮于地、藏粮于技"是现阶段我国确保粮食产能的基本国策。1998年温州市开始在全市范围内建设了132万亩标准农田，通过土地平整和田间水利设施、田间道路、田间防护林配套的标准化农田建设，基本达到田成方、渠相通、路相连的工程建设要求。标准农田建成后，其排灌能力与机械化耕作能力明显提高，在农业生产上发挥的作用越来越重要。为了进一步保障全市粮食生产安全和农产品有效供给，有序有效提升农田质量，切实增强农田综合生产能力，2009年起温州市耕地质量与土肥管理站与各县（市、区）农业局共同承担了全市标准农田地力提升工作，取得了较好的成效。

第一节 标准农田地力提升技术

一、土壤有机质提升技术

1. 冬绿肥种植与压青技术

绿肥是承载维持、改进或恢复土壤物理、化学和生物性能的重要载体，是提升土壤肥力的有效手段。以紫云英为主种植冬绿肥，并利用紫云英的固氮作用，既可增加土壤氮素，又可增加土壤有机质。具体做法是：①适时播种，晚稻种植后期10月中旬播种，每亩用种1.5~2kg，按10∶1比例根瘤菌拌种；②注重排水，开好横沟、纵沟以及田边的围沟，防止田面积水影响出苗；③以磷增氮，苗期每亩施过磷酸钙25~30kg，增强抗寒能力，以小肥养大肥；④适时适量翻压，早稻种植前15d，每亩压青鲜草1 500~2 000kg，压青翻压配施石灰促其茎叶腐熟。

2. 秸秆还田技术

施用秸秆是提高土壤有机质、改善土壤的有效措施。具体方法有：①机械化收割粉碎还田，晚稻通过农业机械化收割、粉碎直接还田，稻草覆盖冬绿肥，于早稻种植前与冬绿肥一起翻压还田；②秸秆快速腐熟还田，由于早稻收割与晚稻种植时间间隔短，在早稻收割后，将农作物秸秆均匀平铺在田面上，水田宜贮水7~10cm深，按每亩使用"谷霖"腐秆剂2kg，配合5kg尿素调节碳氮比，均匀撒在稻秆上，加快秸秆腐熟还田。

3. 增施有机肥及有机无机配施技术

增施有机肥，以有机肥替代部分化肥，实施有机无机配施技术，可有效维持和提高土壤有机质。水稻田每亩施用商品有机肥200~300kg作基肥；蔬菜地根据蔬菜品种不同，叶菜类减少氮肥用量30%以等量氮肥的有机肥替代，果菜类减少氮肥用量30%~50%以等量氮肥的有机肥替代，每亩施用有机肥300~500kg作基肥。对6个实施点的土壤监测表明（表10-1），与农户习惯施肥相比，有机无机配施处理，土壤有机质含量均有不同程度提升，提升幅度达2.6%~23%，以鹿城腾桥点提升幅度最高，达23%。同时，土壤速效养分也有一定的提高。

表 10-1　增施有机肥对土壤肥力的影响

监测点	处理	pH 值	有机质（g/kg）	增幅（%）	全氮（g/kg）	有效磷（mg/kg）	速效钾（mg/kg）
鹿城腾桥点	习惯施肥	5.82	34.2		1.69	10.4	44.6
	有机无机配施	5.55	42.3	+23	2.23	20.1	74.3
苍南河口叶	习惯施肥	—	27.4		1.83	23.33	95
	有机无机配施	—	30.9	+12.8	1.95	39.93	105
苍南灵溪山北底	习惯施肥	5.67	30.1		1.84	21.59	81
	有机无机配施	5.72	31.8	+5.6	1.65	21.39	93
永嘉碧莲监测点	习惯施肥	4.93	48.7		2.83	224	39
	有机无机配施	5.10	51.3	+5.3	3.09	208	53
大若岩监测点	习惯施肥	4.88	26.7		1.46	56.5	58
	有机无机配施	5.01	27.4	+2.6	1.46	59.5	85
枫林监测点	习惯施肥	5.35	22.7		1.22	191	94
	有机无机配施	5.47	24.2	+6.6	1.29	176	127

二、因缺补缺配方施肥技术

在测土配方施肥的基础上，采用因缺补缺、应用配方肥等措施，调控土壤磷、钾水平，以增加和维持土壤养分，达到农田土壤养分平衡，提升地力。2006 年以来，温州市在测土配方施肥项目实施的基础上，通过大量土壤基础检测数据分析、不同作物田间试验示范，形成水稻、油菜、蔬菜、茶叶等多种作物优化施肥配方，达到土壤养分平衡，提升作物产量的目的。根据 6 个监测点的土壤监测（表 10-2），与农户习惯施肥相比，配方施肥处理，土壤有效磷、速效钾含量均有不同程度提升，有效磷含量提升幅度达 0.7%～105.8%，速效钾含量提升幅度达 3.2%～83.4%；其中对磷、钾含量偏低的土壤提升效果特别明显，如鹿城腾桥点有效磷增幅达 105.8%，速效钾增幅达 83.4%。

表 10-2　配方施肥对土壤磷钾含量的影响

监测点	处理	pH 值	有机质（g/kg）	全氮（g/kg）	有效磷（mg/kg）	有效磷提升增幅（%）	速效钾（mg/kg）	速效钾提升增幅（%）
鹿城腾桥点	习惯施肥	5.82	34.2	1.69	10.4		44.6	
	配方施肥	5.49	44.6	2.39	21.4	+105.8	81.8	+83.4
苍南河口叶	习惯施肥	—	27.4	1.83	23.33		95	
	配方施肥	—	29.9	1.92	27.75	+18.9	98	+3.2
苍南山北底	习惯施肥	5.67	30.1	1.84	21.59		81	
	配方施肥	5.89	32.2	1.45	21.74	+0.7	89	+9.9
永嘉碧莲点	习惯施肥	4.93	48.7	2.83	224.0		39	
	配方施肥	5.04	49.1	2.93	239.5	+6.9	57	+46.2

（续表）

监测点	处理	pH 值	有机质（g/kg）	全氮（g/kg）	有效磷（mg/kg）	有效磷提升增幅（%）	速效钾（mg/kg）	速效钾提升增幅（%）
永嘉大若岩点	习惯施肥	4.88	26.7	1.46	56.5		58	
	配方施肥	4.98	27.8	1.53	89.0	+57.5	101	+74.1
永嘉枫林点	习惯施肥	5.35	22.7	1.22	191.0		94	
	配方施肥	5.32	23.9	1.31	214.0	+12.0	111	+18.1

三、酸化调整

温州市耕地土壤普遍存在酸化现象，根据标准农田调查结果显示，全市标准农田土壤 pH 值平均为 5.6，与第二次土普期间的 6.02 下降 0.42，降幅 6.98%。土壤酸化将直接影响土壤养分的转化与供应，提高土壤 pH 值是提升标准农田土壤质量不可缺少的一个重要环节。根据温州市实际情况，采用的方法主要有施用石灰、选施碱性肥料等。每 2 年每亩施生石灰 100～150kg，进行降酸调节；同时通过施用碱性肥料来避免酸化加剧，在施用磷肥时以碱性的钙镁磷肥代替酸性的过磷酸钙。

四、煤灰（生物质灰渣）在土壤改良上的应用

粉煤灰含有大量水溶性硅钙镁磷等农作物所必需的营养元素，可作农业肥料和土壤改良剂，用重黏土、生土、酸性土和盐碱土的改良，消除土壤酸瘦板黏的缺陷。2014 年，利用乐清电厂煤灰在乐清白石开展了地力培肥田间试验，试验煤灰 pH 值为 12.42，全磷含量 5.3g/kg，全钾含量 2.2g/kg。试验结果表明，施用煤灰能有效提高土壤 pH 值和土壤速效钾含量，并随煤灰用量的增加而提高，土壤 pH 值提高幅度为 2.3%～24.8%，速效钾含量提高幅度为 4.2%～22.4%，以亩施煤灰 2 000kg+有机肥 1 000kg 的效果最好。试验还表明，施用煤灰还能提高土壤有效磷和阳离子交换量，以亩施煤灰 500kg+有机肥 1 000kg 最高（表 10-3）。

表 10-3　不同煤灰用量对土壤的影响

处理	pH 值	有机质（g/kg）	碱解氮（mg/kg）	有效磷（mg/kg）	速效钾（mg/kg）	CEC［cmol（+）/kg 土］
空白	4.76	28.82	112	10.3	77.2	12.13
煤灰 0kg/亩+有机肥 1 000kg/亩	4.71	32.62	117	32.4	100.2	11.75
煤灰 500kg/亩+有机肥 1 000kg/亩	4.82	36.65	129	39.9	107.5	13.75
煤灰 1 000kg/亩+有机肥 1 000kg/亩	5.24	32.83	122	34.1	104.4	13.25
煤灰 2 000kg/亩+有机肥 1 000kg/亩	5.88	30.56	120	22.6	122.6	11.75

煤灰及生物质灰渣具有高 pH 值，含有丰富的钾、硅以及多种微量元素，在农业生产中可以用作土壤改良剂和制取多元复合肥料，对土壤改良尤其是对山区偏酸、低钾土壤改良效果明显。但煤灰的利用应注意重金属等有害物质的含量，在检测分析的基础上合理利用，避免造成二次污染。

五、应用沸石粉提升土壤阳离子交换量

沸石粉作为一种土壤改良剂，具有较高的阳离子代换量和较高的持水性能，直接施入土壤进行

土壤改良，对提高土壤阳离子交换量具有一定效果。据2013年在瑞安市高楼镇补划标准农田质量提升区的试验，水稻种植前每亩施沸石粉500kg，结合有机肥施用，及时翻耕，充分与土壤混合，阳离子交换量平均从6.5cmol/100g土提升到10.3cmol/100g土。

六、深耕晒垡改良耕作层

稻田深耕晒垡熟化土壤是耕作上的一项成熟经验。采取深翻晒土强化耕作，加深耕作层，改善土壤的物理性质和土壤结构，可有效增加土壤的透气性，提高其蓄水保墒能力。具体措施是：①深耕时间宜早，在晚稻收割后应及时耕翻；②结合施用有机肥料，使土壤的通透性得到改善，加强了好气性微生物的活动，加速了有机质的分解，使土壤释放出更多的速效养分，从而能够促使增施的有机肥料发挥出更大的作用。种植冬绿肥的可结合冬绿肥压青进行深翻；③深耕的适宜深度应在15~30cm。在乐清市标准农田提升区的试验结果表明，采取冬季深耕晒垡后土壤耕层厚度明显增加，平均从13cm增加到16.86cm；耕层土壤容重得到明显改善，从1.07g/cm³降至0.92g/cm³，土壤耕作物理性能得到改善。

第二节 不同区域标准农田地力提升技术集成

一、水网平原标准农田提升技术

温州市水网平原区标准农田土壤以青紫塥黏田为主，为多年种植农田，主要种植水稻和蔬菜。对水网平原二等标准农田288个点位分析，综合地力指数平均在0.76，为二等三级田；抗旱能力较强平均在50~70d，但排涝能力偏低，为一日暴雨二日排出和一日暴雨三日排出；冬季地下水位偏高，平均54.79cm；耕作层厚度平均13.56cm；容重1.03g/cm³，pH值为5.39，阳离子交换量13.41cmol/kg，有机质33.37g/kg，有效磷22.72mg/kg，速效钾129.03mg/kg。水网平原区养分较为均匀，有机质、有效磷、速效钾为中上水平，生产能力分值均为0.9分（满分为1分）；土壤pH值偏低，生产能力分值为0.4分；阳离子交换量中等，生产能力分值为0.6分。

根据水网平原的肥力特点，主要采取以下技术措施：①应用测土配方施肥技术，以水稻为例，采用13:6:6（N:P₂O₅:K₂O）作为早稻配方肥配方，13:5:7（N:P₂O₅:K₂O）作为晚稻及单季稻配方肥配方，在磷肥施用上以碱性钙镁磷肥代替酸性过磷酸钙；②土壤pH值在5.5以下的适当施用生石灰进行酸化调整；③开展深翻晒土，种植绿肥和秸秆还田等培肥措施，改良耕层土壤理化性状，提升农田地力水平；④进一步完善农田沟渠布局，提高农田内排涝能力。以2010年乐清市北白象镇标准农田提升项目区为例，项目实施后土壤有机质、阳离子交换量得到有效提升，有机质平均从30.20g/kg提高到51.26g/kg，提高21.06g/kg；阳离子交换量平均从14.16cmol/kg提高到19.04cmol/kg，提高4.88cmol/kg；综合地力指数从0.76提升到0.83，提升0.07（表10-4）。

表10-4 乐清市北白象镇标准农田提升对比

项目	有机质（g/kg）	耕层厚度（cm）	容重（g/cm³）	速效钾（mg/kg）	阳离子（cmol/kg）	综合地力指数
实施前	30.20	13.0	1.18	99.4	14.16	0.76
实施后	51.26	16.4	0.90	110.6	19.04	0.83
提升	+21.06	+3.4	-0.28	+11.2	+4.88	+0.07

二、滨海平原标准农田

滨海平原标准农田土壤以淡涂泥田为主，为多年种植农田，主要种植水稻和蔬菜。对滨海平原二等标准农田 118 个点位的分析，综合地力指数平均在 0.76，为二等三级田；抗旱能力较强平均在 50~70d，但排涝能力偏低，为一日暴雨二日排出和一日暴雨三日排出；冬季地下水位偏高，平均 53.64cm，最低在 30cm；耕作层厚度平均 14.58cm，容重 1.15g/cm³，pH 值为 6.98，阳离子交换量 15.17cmol/kg，有机质 25.63g/kg，有效磷 15.49mg/kg，速效钾 226.42mg/kg。滨海平原标准农田主要表现在耕作层厚度较薄，土壤有效磷和土壤有机质偏低。提升技术措施包括：①深翻晒土提高或保持耕作层厚度；②因缺补缺增施磷肥，采用氮磷二元 12：8（N：P_2O_5）或氮磷钾三元 14：7：4（N：P_2O_5：K_2O）的配方作为早稻、晚稻通用配方；③种植绿肥、秸秆还田、增施有机肥提升土壤有机质为主。以 2011 年龙湾区永兴街道、灵昆街道标准农田提升项目区为例，项目实施后土壤有机质、有效磷得到有效提升，有机质平均从 22.40g/kg 提高到 28.29g/kg，提高 5.89g/kg；有效磷平均从 9.68mg/kg 提高到 56.56mg/kg，提高 46.88mg/kg；综合地力指数从 0.74 提升到 0.84，提升 0.10（表 10-5）。

表 10-5　龙湾区标准农田地力提升对比

实施区	pH 值		阳离子交换量（cmol/kg 土）		有机质（g/kg）		有效磷（mg/kg）		速效钾（mg/kg）		综合地力指数	
	提升前	提升后	提升前	提升后	提升前	提升后	提升前	提升后	提升前	提升后	提升前	提升后
永兴街道	7.63	7.5	17.17	19.75	21.87	26.65	5.7	56.57	180.7	217	0.73	0.84
灵昆街道	8.1	6.23	18.1	19.17	23.47	31.57	17.6	56.53	298	273.67	0.76	0.85
平均	7.79	7.08	17.48	19.56	22.40	28.29	9.68	56.56	219.78	235.89	0.74	0.84

三、河谷平原标准农田

河谷平原标准农田土壤以黄泥沙田、泥沙田、培泥沙田、江粉泥田等为主，为多年种植农田，主要种植水稻和蔬菜。对河谷平原二等标准农田 729 个点位的分析，综合地力指数平均在 0.72，为二等三级田；抗旱能力较强平均在 30~50d；冬季地下水位偏高，平均 71.95cm，最低在 20；耕作层厚度不高平均 15.18cm，最小值为 5cm；容重 1.15g/cm³，pH 值为 5.18，阳离子交换量 8.14cmol/kg，有机质 31.56g/kg，有效磷 36.09mg/kg，速效钾 82.8mg/kg。

河谷平原标准农田由于土壤成因复杂，种植制度多样，土壤理化性状差异很大，主要限制因子为土壤酸化明显，阳离子交换量、速效钾普遍偏低，大部分区域有效磷偏低，有机质偏低。采取的提升技术措施为：①深翻晒土提高或保持耕作层厚度；②因缺补缺增施磷钾肥，采用氮磷钾三元 13：5：7（N：P_2O_5：K_2O）的配方作为早稻、晚稻和单季稻通用配方；③种植绿肥、秸秆还田、增施有机肥提升土壤有机质，同时每亩配合施生石灰 100~150kg 酸化调整；④为有效提升阳离子交换量，每亩配合施用沸石粉 500kg。以 2010 年永嘉县沙头镇、大若岩镇、岩头镇等标准农田提升项目区为例，实施后土壤有机质、有效磷得到有效提升，有机质平均从 22.1g/kg 提高到 29.5g/kg，提高 7.4g/kg；速效钾平均从 56.6mg/kg 提高到 82.6mg/kg，提高 26.0mg/kg；有效磷平均从 28.5mg/kg 提高到 61.5mg/kg，提高 33.0mg/kg；综合地力指数从 0.74 提升到 0.81，提升 0.07（表 10-6）。

表 10-6 永嘉县标准农田地力提升对比

pH 值		阳离子交换量 （cmol/kg 土）		有机质 （g/kg）		有效磷 （mg/kg）		速效钾 （mg/kg）		综合地力指数	
提升前	提升后	提升前	提升后	提升前	提升后	提升前	提升后	提升前	提升后	提升前	提升后
5.4	5.3	7.6	8.4	22.1	29.5	28.5	61.5	56.6	82.6	0.74	0.81

四、丘陵山区标准农田

丘陵山区标准农田土壤以黄泥田为主，为多年种植农田，主要种植水稻和蔬菜。对河谷平原二等标准农田 398 个点位的分析，综合地力指数平均在 0.67，为二等四级田；抗旱能力较弱平均在小于 30d；耕作层厚度平均 17.17cm，容重 1.14g/cm³，pH 值为 5.18，阳离子交换量 10.29 cmol/kg，有机质 29.9g/kg，有效磷 35.84mg/kg，速效钾 72.13mg/kg。丘陵山区标准农田主要限制因子为酸化严重，阳离子交换量、速效钾普遍偏低，有机质偏低。采取的提升技术措施包括：①深翻晒土提高或保持耕作层厚度；②因缺补缺增施钾肥，采用氮、磷、钾三元 13：5：7（N：P_2O_5：K_2O）的配方作为单季稻通用配方；③种植绿肥、秸秆还田、增施有机肥提升土壤有机质，同时每亩配合施生石灰 100~150kg 酸化调整。山区烂浸田提升技术以强化水利设施建设和深翻晒土为主，加强排水，降低地下水位，同时采取深翻晒土，改善土壤的物理性质和土壤结构，增加土壤的透气性。以文成 2012 年标准农田提升项目二源、南田、百丈漈镇为例，实施后土壤肥力得到有效提升，有机质平均从 28.67g/kg 提高到 42.06g/kg，提高 13.40g/kg；速效钾平均从 53.40mg/kg 提高到 97.93mg/kg，提高 44.50mg/kg；有效磷平均从 11.73mg/kg 提高到 64.55mg/kg，提高 52.80mg/kg；综合地力指数从 0.649 提升到 0.735，提升 0.086（表 10-7）。

表 10-7 文成县标准农田地力提升对比

项目	pH 值	有机质 （g/kg）	有效磷 （mg/kg）	速效钾 （mg/kg）	CEC （cmol/100g 土）	地力综合指数
提升后	5.3	42.06	64.55	97.93	10.05	0.735
提升前	5.1	28.67	11.73	53.40	10.07	0.649
提升	+0.2	+13.39	+52.82	+44.53	0.02	0.086

主要参考文献

陈印军，王晋臣，肖碧林，等，2011. 我国耕地质量变化态势分析 [J]. 中国农业资源与区划，32（2）：1-5.

胡月明，万洪富，吴志峰，2001. 基于 GIS 的土壤质量模糊变权评价 [J]. 土壤学报，38（5）：226-238.

黄昌勇，徐建明，2010. 土壤学 [M]. 北京：中国农业出版社.

黄耀，孙文娟，张稳，等，2010. 中国陆地生态系统土壤有机碳变化研究进展 [J]. 中国科学：生命科学（7）：577-586.

李东坡，武志杰，2008. 化学肥料的土壤生态环境效应 [J]. 应用生态学报，19（5）：1158-1165.

李继红，2012. 我国土壤酸化的成因与防控研究 [J]. 农业灾害研究，2（6）：42-45.

李建国，章明奎，周翠，2005. 浙江省农业土壤酸缓冲性能的研究 [J]. 浙江农业学报，17（4）：207-211.

李九玉，王宁，徐仁扣，2009. 工业副产品对红壤酸度改良研究 [J]. 土壤，41（6）：932-939.

刘刚，2000. 土壤肥力综合评价方法的试验研究 [J]. 中国农业大学学报，5（4）：42-45.

刘世梁，傅伯杰，刘国华，等，2006. 我国土壤质量及其评价研究的进展 [J]. 土壤通报，37（1）：137-143.

刘占锋，傅伯杰，刘国华，等，2006. 土壤质量与土壤质量指标及其评价 [J]. 生态学报，26（3）：901-913.

龙光强，蒋瑀霁，孙波，2012. 长期施用猪粪对红壤酸度的改良效应 [J]. 土壤，44（5）：727-734.

吕新，寇金梅，李宏伟，2004. 模糊评判方法在土壤肥力综合评价中的应用研究 [J]. 干旱地区农业研究，22（3）：57-59.

骆东齐，白洁，谢德体，2002. 论土壤肥力评价指标和方法 [J]. 土壤与环境，11（2）：202-205.

潘根兴，赵其国，2005. 我国农田土壤碳库演变研究：全球变化和国家粮食安全 [J]. 地球科学进展，5（4）：384-393.

全国农业技术推广服务中心，2008. 耕地质量演变趋势研究 [M]. 北京：中国农业科技出版社.

王辉，董元华，安琼，等，2005. 高度集约化利用下蔬菜地土壤酸化及次生盐渍化研究——以南京市南郊为例 [J]. 土壤，37（5）：530-533.

王建国，2001. 模糊数学在土壤质量评价中的应用研究 [J]. 土壤学报，38（1）：176-185.

王瑞燕，赵庚星，李涛，等，2004.GIS 支持下的耕地地力等级评价 [J]. 农业工程学报，20（1）：307-310.

温州市土壤普查办公室，温州市农业技术推广中心，1991. 温州土壤 [M]. 杭州：浙江科学技术出版社.

徐仁扣, COVENTRY D R, 2002. 某些农业措施对土壤酸化的影响 [J]. 农业环境保护, 21 (5): 385-388.

杨瑞吉, 杨祁峰, 牛俊义, 2004. 表征土壤肥力主要指标的研究进展 [J]. 甘肃农业大学学报, 39 (1): 86-91.

袁金华, 徐仁扣, 2012. 生物质炭对酸性土壤改良作用的研究进展 [J]. 土壤, 44 (40): 541-547.

张福锁, 崔振岭, 王激清, 等, 2007. 中国土壤和植物养分管理现状与改进策略 [J]. 植物学通报, 24 (6): 687-694.

张永春, 汪吉东, 沈明星, 等, 2010. 长期不同施肥对太湖地区典型土壤酸化的影响 [J]. 土壤学报, 47 (3): 465-472.

赵广帅, 李发东, 李运生, 等, 2012. 长期施肥对土壤有机质积累的影响 [J]. 生态环境学报, 21 (5): 840-847.

浙江省土壤普查办公室, 1994. 浙江土壤 [M]. 杭州: 浙江科学技术出版社.

中华人民共和国农业部种植业管理司, 2016. 测土配方施肥技术规范: NY/T 2911—2016 [S]. 中国标准出版社.

朱祖祥, 1996. 中国农业百科全书 (土壤卷) [M]. 北京: 农业出版社.

邹原东, 范继红, 2013. 有机肥施用对土壤肥力影响的研究进展 [J]. 中国农学通报, 29 (3): 12-16.

BLAIRG J, LEFROY R D B, LISLE L, 1995. Soilcarbon fractions based on their degree of oxidation, and the development of acarbon management index for agricultural systems [J]. Australian Journal of Agricultural Research, 46: 1459-1466.

LAL R, 2004. Soilcarbon sequestration impacts on global climate change and food security [J]. Science, 304: 1623-1627.

MURTY D, KIRSCHBAUM M U F, MCMURTRIE R E, et al., 2002. Doesconversion of forest to agricultural landchange soilcarbon and nitrogen [J]. Globalchange Biology, 8 (2): 105-123.

VAN BREEMEN N, BURROUGH PA, VELTHORST E J, 1982. Soil acidification from atmospheric ammonium sulphate in forestcanopy through fall [J]. Nature, 299 (7): 548-550.

VAN BREEMEN N, DRISCOLLC T, MULDER J, 1984. Acidic deposition and internal proton sources in acidification of soils and waters [J]. Nature, 307 (16): 599-604.

XUE N D, LIAO B H, LIU P, 2005. On soil acidification status under acid deposition in two small-catchments in Hunan [J]. Journal of Hunan Agricultural University (Natural Science), 31 (1): 82-86.

XU Z J, LIUG S, YU J D, 2002. Soil acidification and nitrogencycle disturbed by man-made factors [J]. Geology-geochemistry, 30 (2): 74-78.

温瑞平原优质耕地（瓯海仙岩）

温瑞平原优质耕地（瑞安曹村）

丘陵山地耕地（永嘉茗岙）

丘陵山地耕地（文成）

山地茶园（泰顺）

海涂垦造耕地（改良后种植水稻）

山区新造耕地利用（种植旱粮）

山区新造耕地利用（改良后种植花生）

山区新造耕地利用（种植马铃薯和油菜）

山区新造耕地利用（种植豆类作物）

山区新造耕地改良（种植黑麦草培肥）

山区新造耕地改良（种植豌豆培肥）

冬闲田种植绿肥

猕猴桃套种紫云英

污染耕地安全利用（施用硅钙肥）

污染耕地安全利用（小区试验）

污染耕地安全利用（调理剂试验）

污染耕地安全利用（调理剂试验）

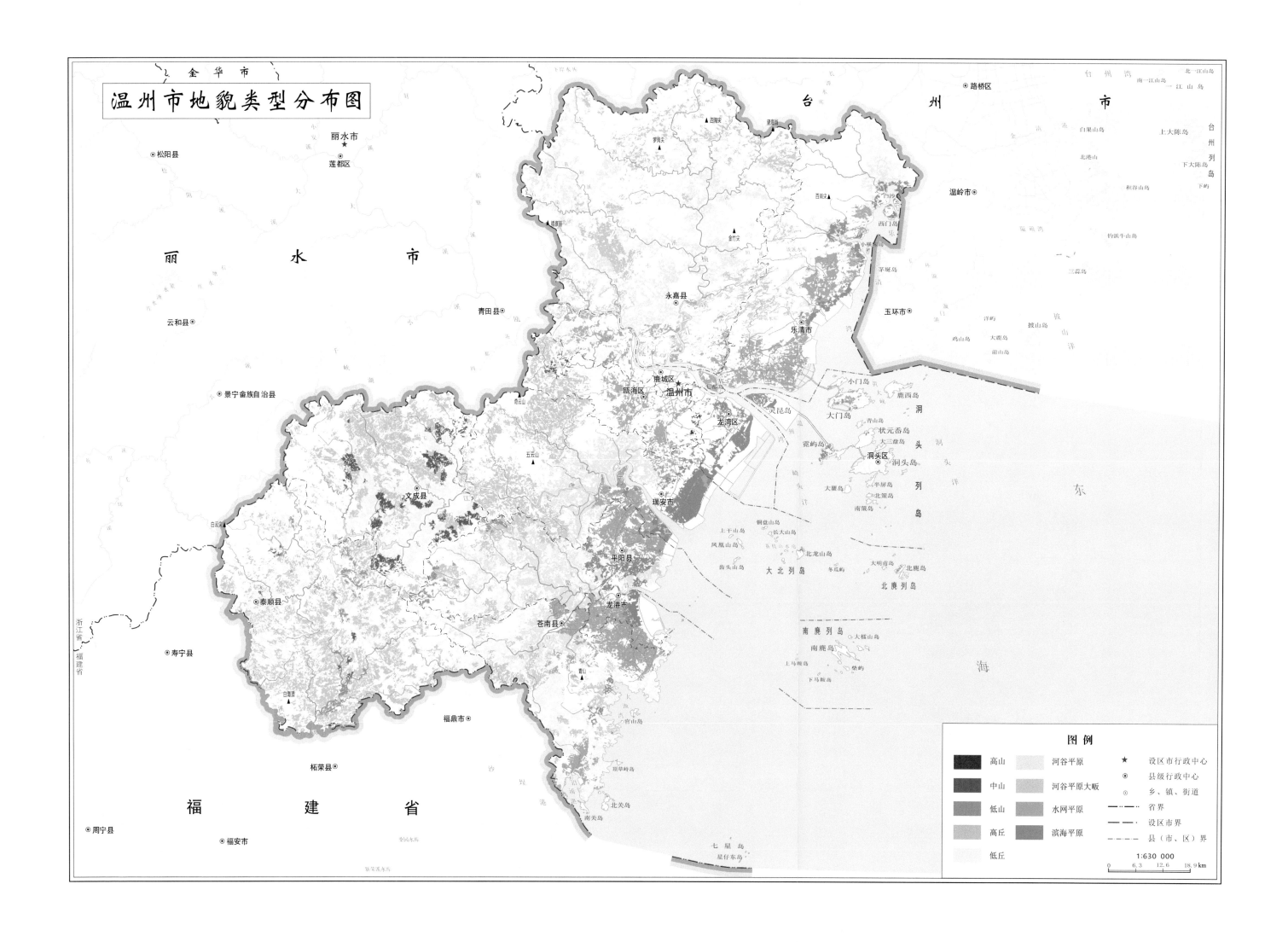

温州市地貌类型分布图

金华市

丽水市
★ 莲都区

松阳县

丽　水　市

云和县

青田县

景宁畲族自治县

浙江省
福建省

寿宁县

福　建　省

周宁县

福安市

柘荣县

福鼎市

泰顺县

文成县

苍南县

龙港市

平阳县

瑞安市

温州市
★ 鹿城区
瓯海区
龙湾区

永嘉县

乐清市

玉环市

温岭市

路桥区

台　州　湾

台　州　市

洞头区

东

海

大北列岛

南鹿列岛

北鹿列岛

图例

■	高山	▨	河谷平原	★ 设区市行政中心
■	中山	▨	河谷平原大畈	◉ 县级行政中心
■	低山	▨	水网平原	◎ 乡、镇、街道
■	高丘	▨	滨海平原	—·—·— 省界
■	低丘			—— 设区市界
				— — 县（市、区）界

1:630 000

0　　6.3　　12.6　　18.9 km

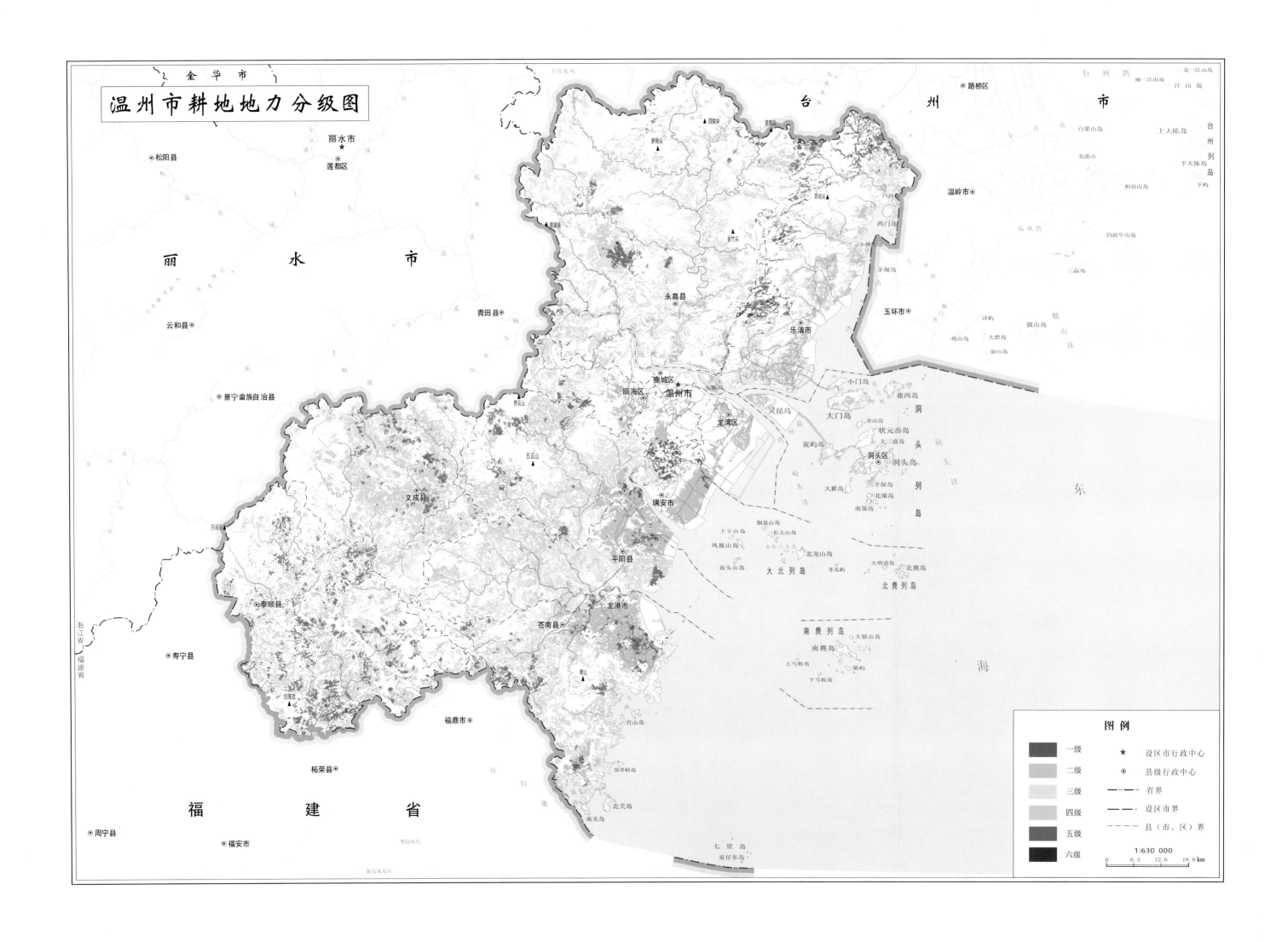

温州市耕地地力分级图

金华市

丽水市

松阳县

莲都区

云和县

青田县

景宁畲族自治县

文成县

泰顺县

寿宁县

浙江省
福建省

福鼎市

柘荣县

福 建 省

周宁县

福安市

罗列头

永嘉县

乐清市

鹿城区
瓯海区
温州市

龙湾区

灵昆岛

瑞安市

五云山

平阳县

龙港市

苍南县

青山

台 州 湾

北一江山岛
南一江山岛
江山岛

路桥区

台州市

白果山岛
北港山
上大陈岛
下大陈岛
积谷山岛

温岭市

隘顽湾

钓浜牛山岛

西门岛
小横
三蒜岛

玉环市

洋屿
披山岛

鸡山岛
大鹿岛
前山岛

小门岛

鹿西岛

大门岛
青山岛
状元岙岛
三礁岛
大瞿岛
半屏岛
洞头区
洞头岛
洞头列岛

大瞿岛
北策岛
南策岛

上干山岛
凤凰山岛
齿头山岛

铜盘山岛
长大山岛
北龙山岛

大北列岛
冬瓜屿
大明甫岛
北麂岛
北麂列岛

南麂列岛
大檑山岛
南麂岛

上马鞍岛
下马鞍岛
柴屿

东

海

宜山岛

沿浦湾

澄海岭岛

北关岛
南关岛

七星岛
星仔东岛

图 例

一级	★	设区市行政中心
二级	◎	县级行政中心
三级	—·—·—	省界
四级	— — —	设区市界
五级	—··—··—	县(市、区)界
六级		

1:630 000

0 6.3 12.6 18.9 km

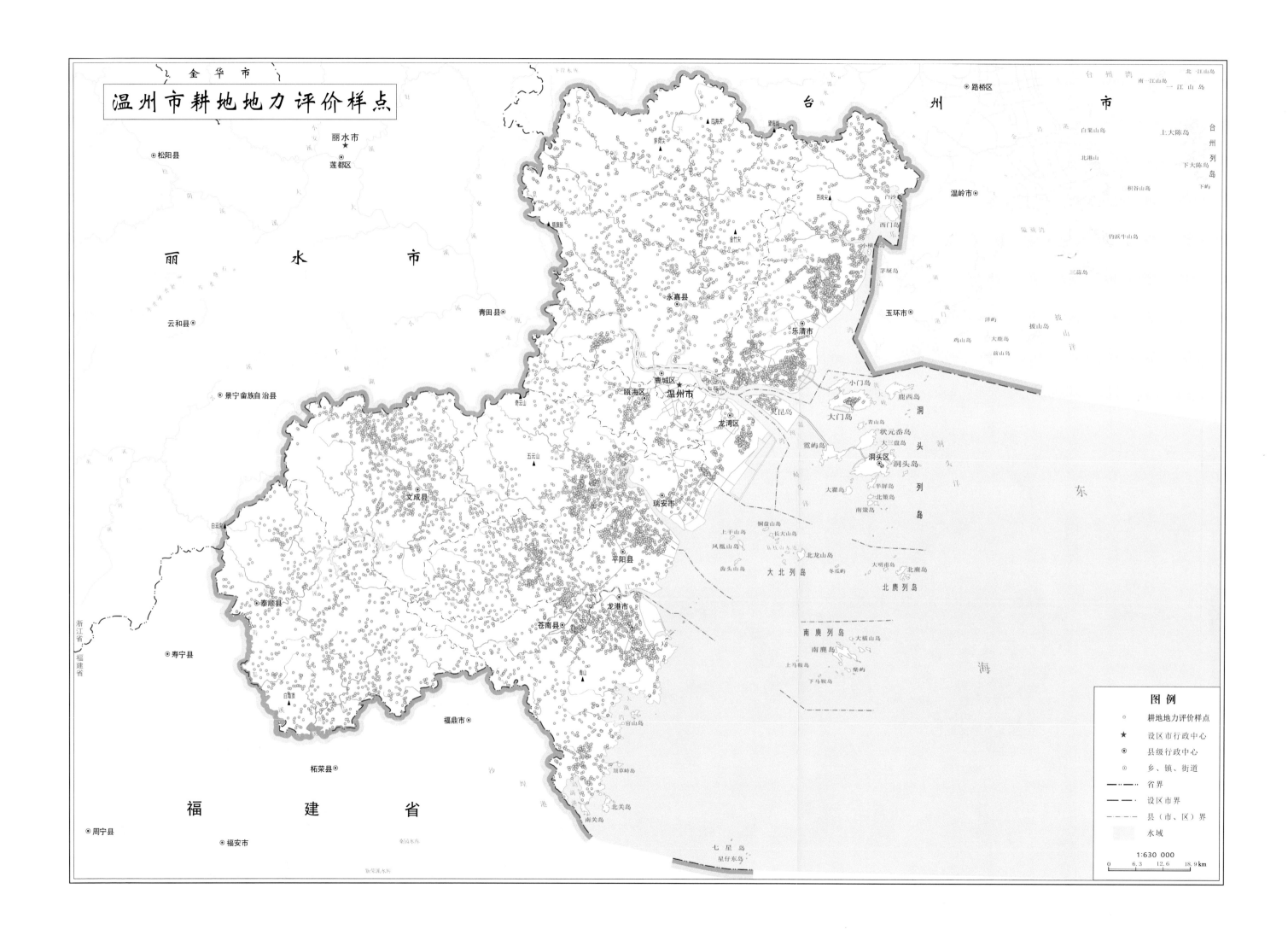

温州市耕地地力评价样点

图例

○ 耕地地力评价样点
★ 设区市行政中心
◎ 县级行政中心
⊙ 乡、镇、街道
－·－·－ 省界
－－－ 设区市界
－·－ 县（市、区）界
　　　 水域

1:630 000

0　6.3　12.6　18.9km

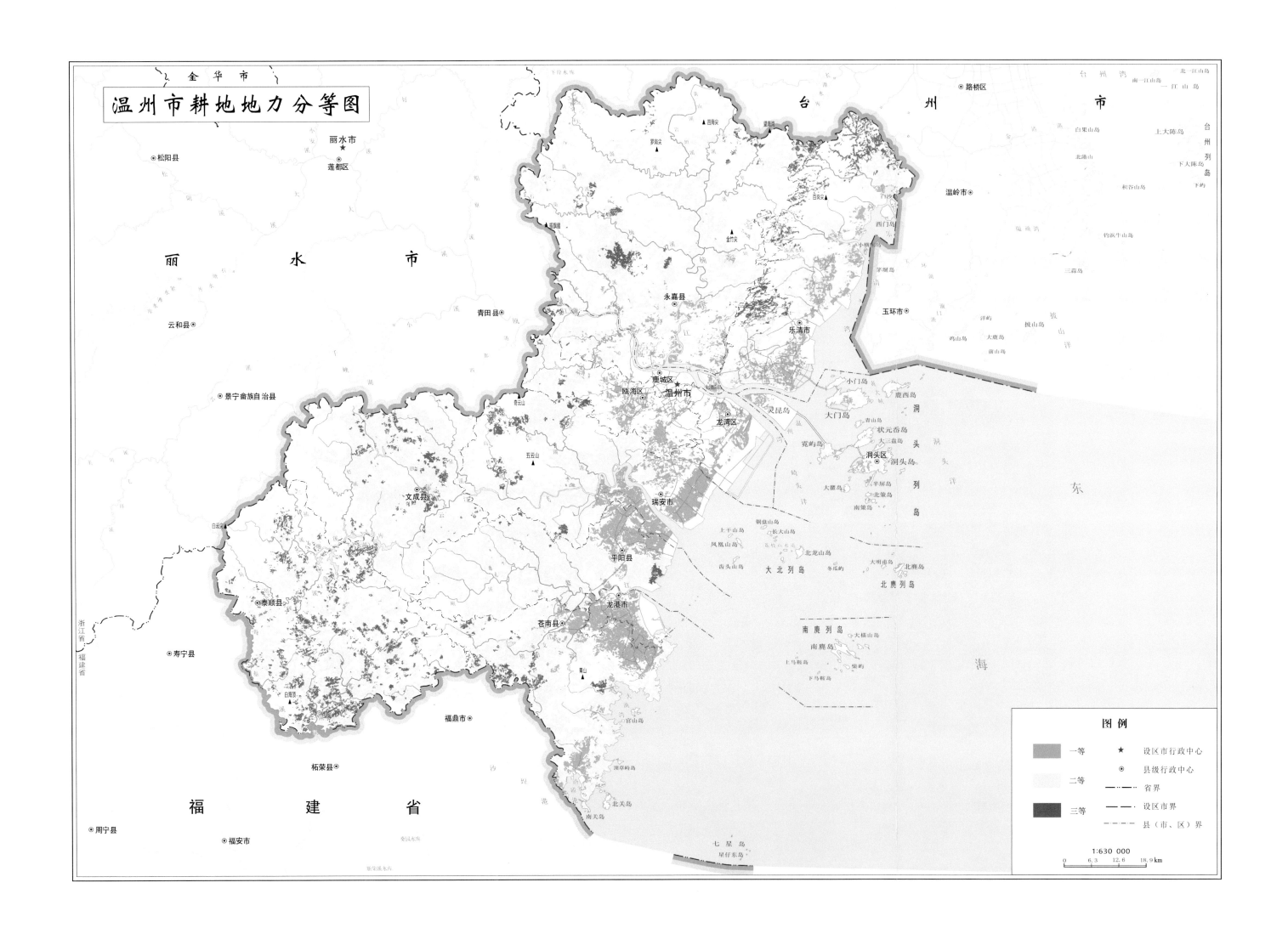

温州市耕地地力分等图

图例

一等	★ 设区市行政中心
二等	◎ 县级行政中心
三等	—·— 省界
	— — 设区市界
	— · — · 县（市、区）界

1:630 000

0　6.3　12.6　18.9 km

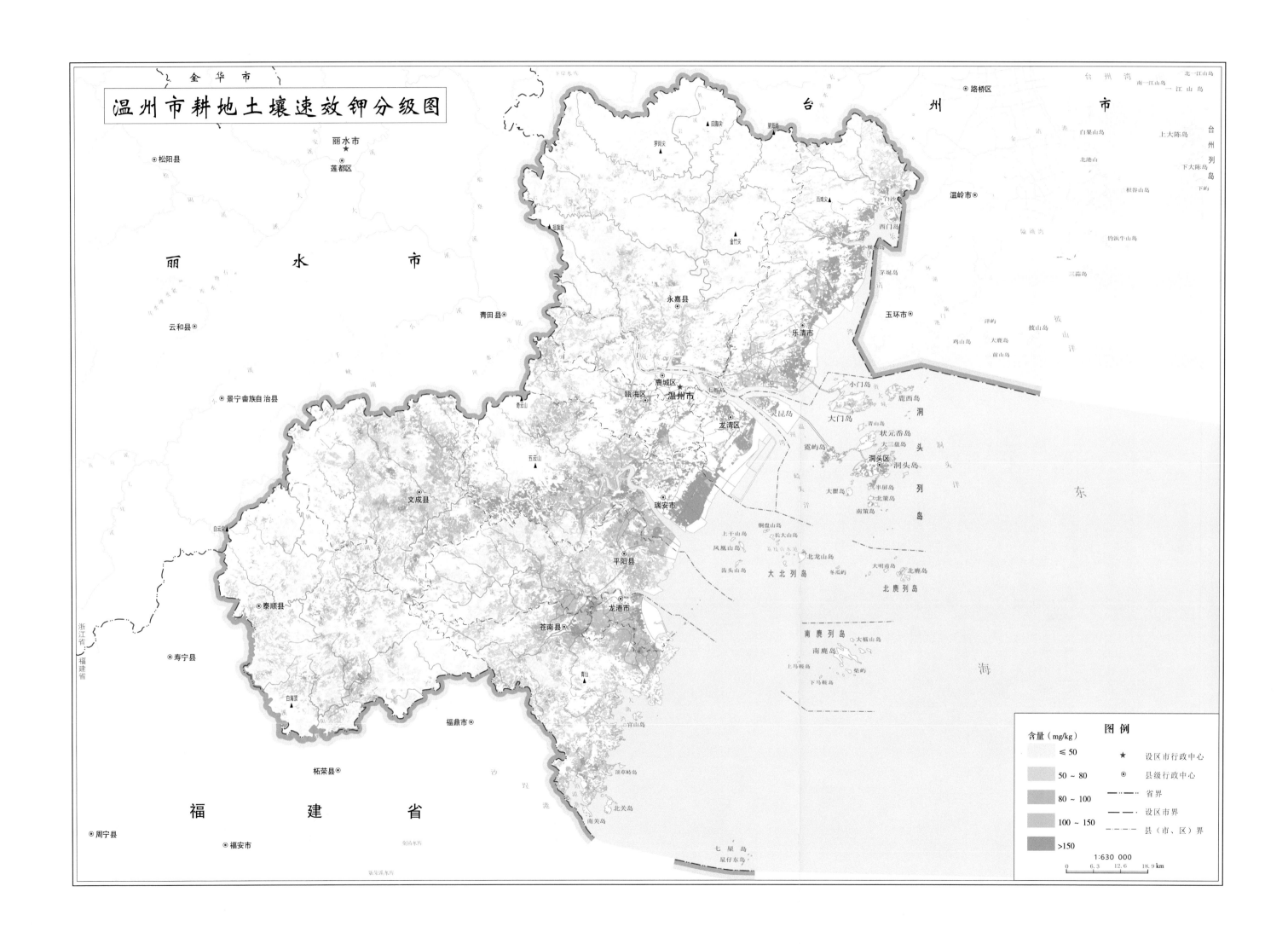

温州市耕地土壤速效钾分级图

含量（mg/kg）

≤ 50

50 ~ 80

80 ~ 100

100 ~ 150

>150

★ 设区市行政中心

◉ 县级行政中心

—·—· 省界

— — 设区市界

—·· 县（市、区）界

1:630 000

0   6.3   12.6   18.9 km

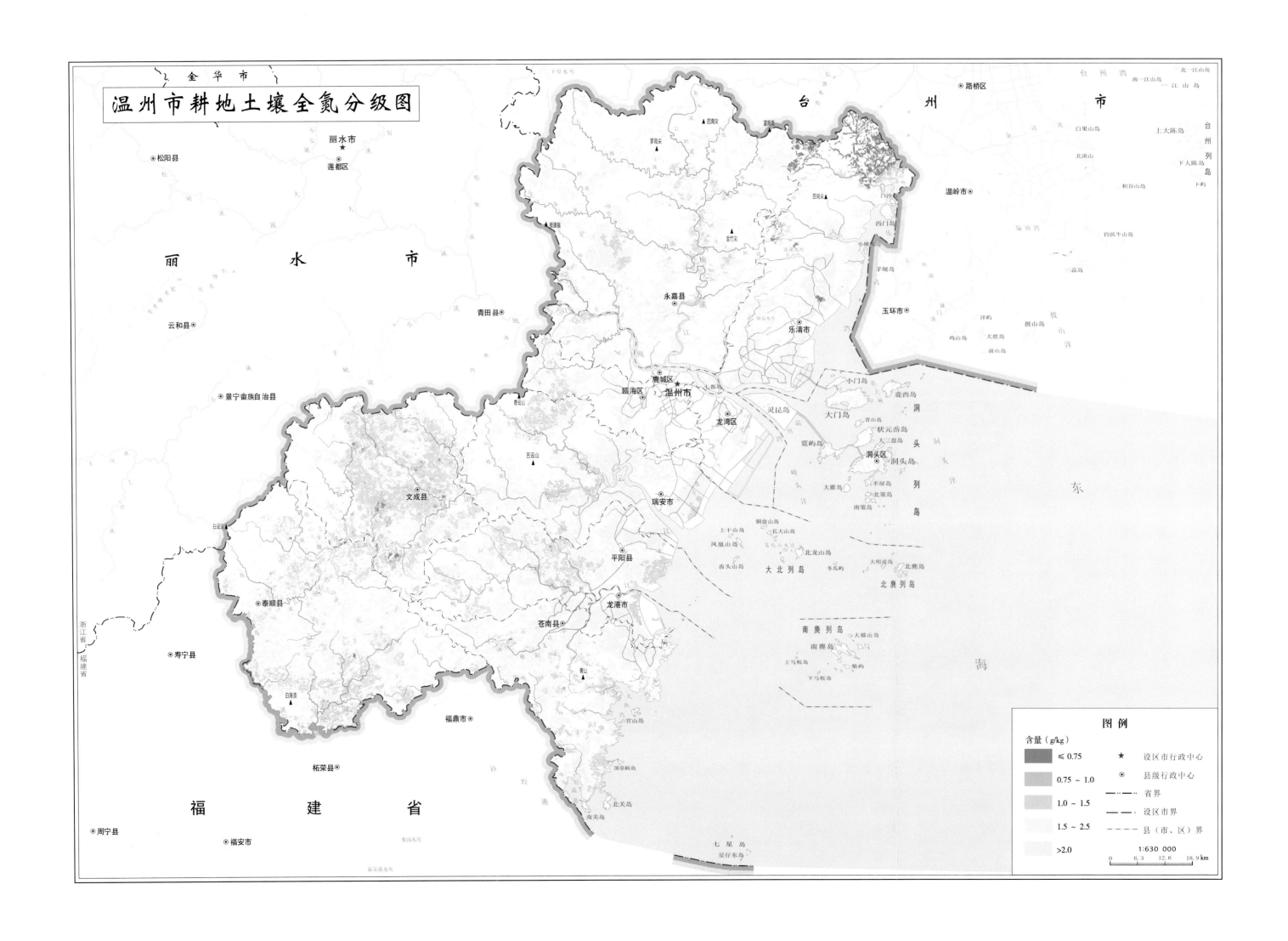

温州市耕地土壤全氮分级图

图 例

含量（g/kg）

≤ 0.75

0.75 ~ 1.0

1.0 ~ 1.5

1.5 ~ 2.5

>2.0

★ 设区市行政中心

⊙ 县级行政中心

省界

设区市界

县（市、区）界

1:630 000

0   6.3   12.6   18.9 km

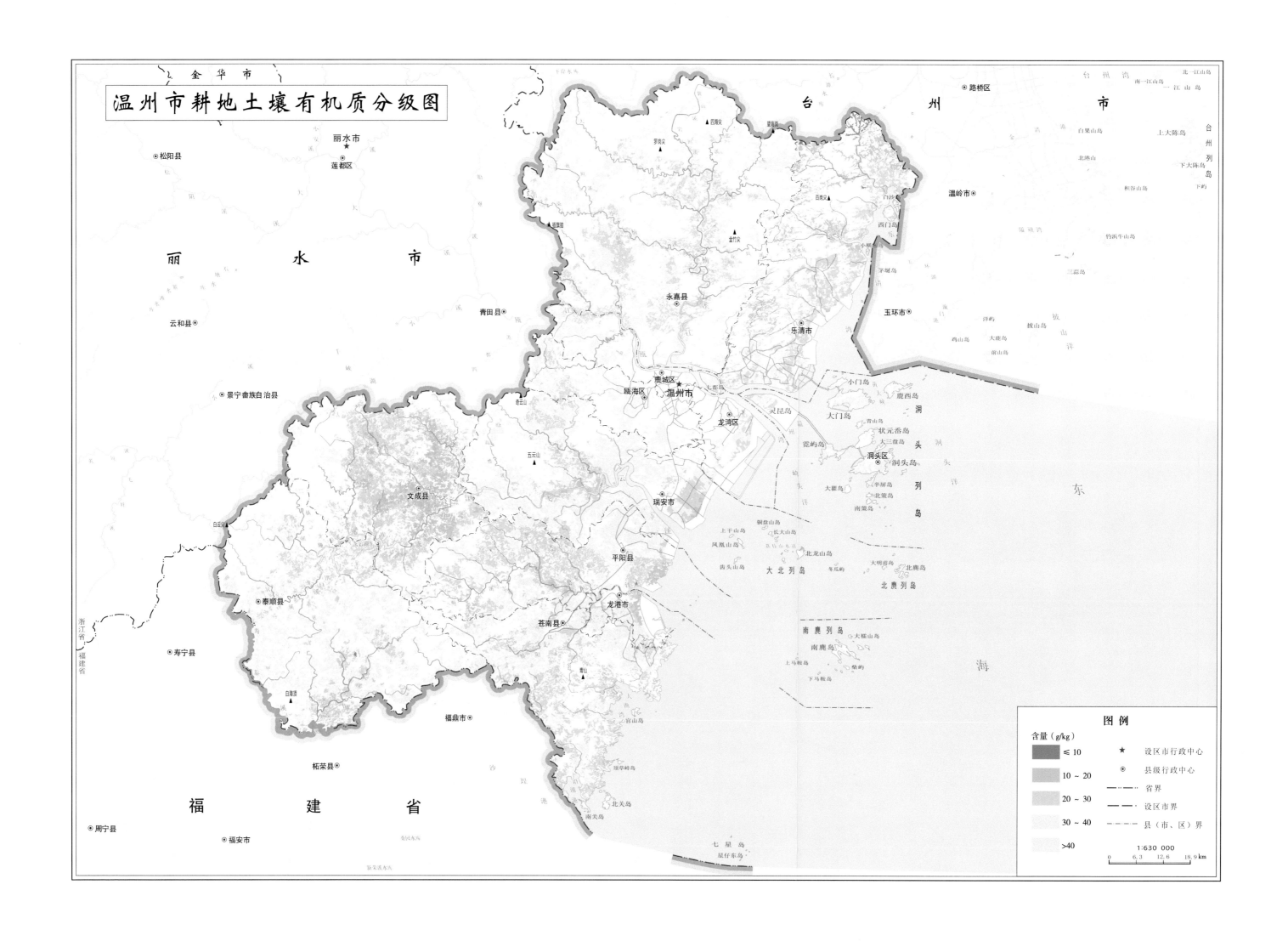

温州市耕地土壤有机质分级图

金华市

丽水市
★
莲都区
松阳县 ⊙

丽　水　市

云和县 ⊙
青田县 ⊙
永嘉县

景宁畲族自治县 ⊙
乐清市
玉环市 ⊙

鹿城区
★
瓯海区　温州市
龙湾区

五云山
▲
洞头区

文成县

瑞安市

白云山
▲

平阳县

泰顺县
寿宁县 ⊙

龙港市

苍南县

福　建　省

柘荣县 ⊙

福鼎市 ⊙

周宁县 ⊙

福安市 ⊙

浙江省
|
福建省

台　州　市
路桥区 ⊙

温岭市 ⊙

东

海

南鹿列岛

图　例

含量（g/kg）

■ ≤ 10　　　★ 设区市行政中心
▨ 10 ~ 20　　⊙ 县级行政中心
▧ 20 ~ 30　　— · — 省界
▤ 30 ~ 40　　— — 设区市界
☐ >40　　　— · · — 县（市、区）界

1:630 000

0　6.3　12.6　18.9 km

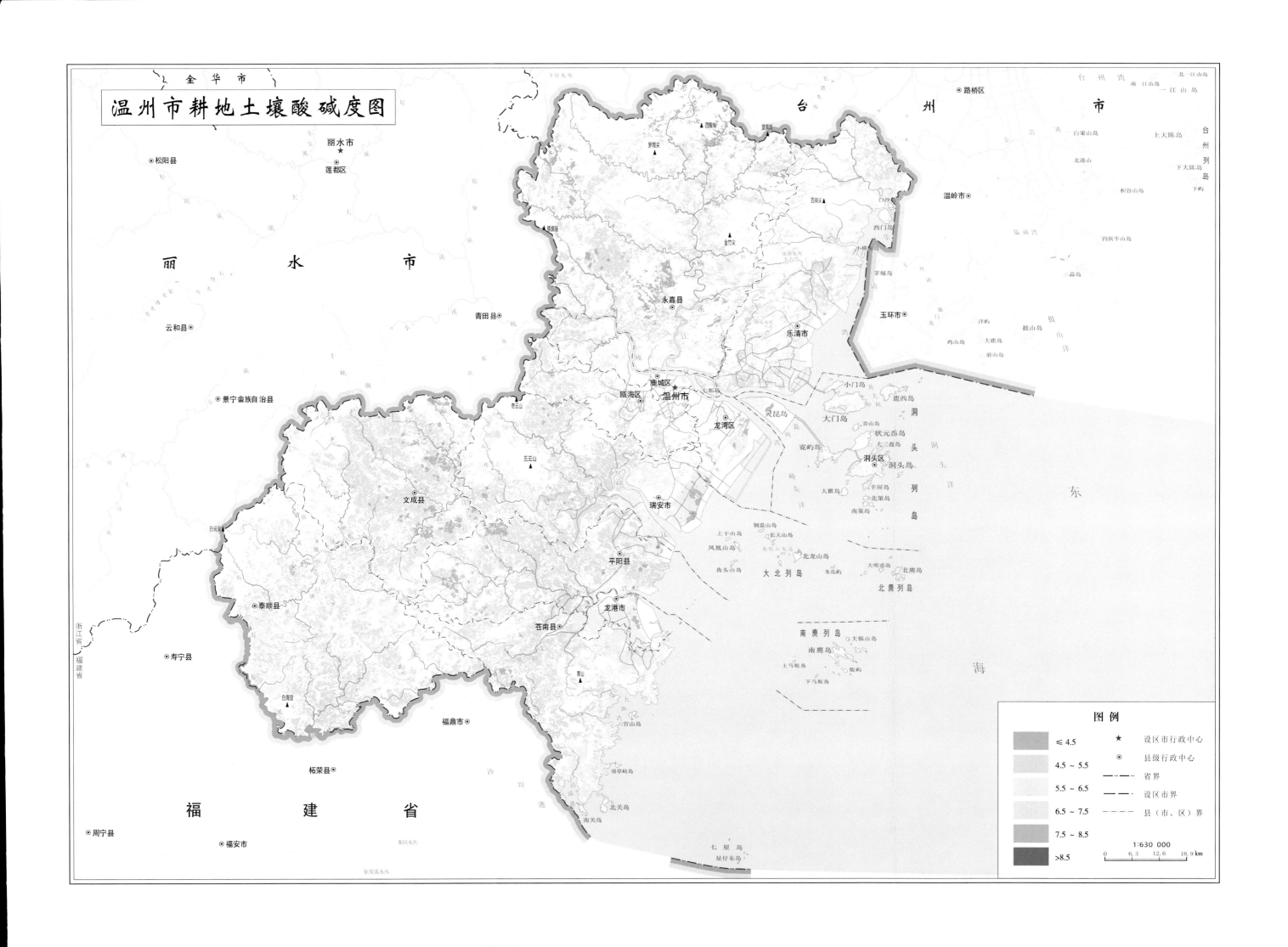

温州市耕地土壤酸碱度图

金华市

丽水市

松阳县

莲都区

丽 水 市

云和县

青田县

景宁畲族自治县

永嘉县

乐清市

鹿城区

瓯海区

温州市

龙湾区

洞头区

文成县

瑞安市

平阳县

龙港市

泰顺县

苍南县

浙江省
福建省

寿宁县

福鼎市

柘荣县

福 建 省

周宁县

福安市

台 州 市

路桥区

温岭市

玉环市

东

海

南 麂 列 岛

图 例

≤ 4.5	★ 设区市行政中心
4.5 ~ 5.5	⊙ 县级行政中心
5.5 ~ 6.5	—·—·— 省界
6.5 ~ 7.5	—— 设区市界
7.5 ~ 8.5	—··—··— 县(市、区)界
> 8.5	

1 : 630 000

0 6.3 12.6 18.9 km

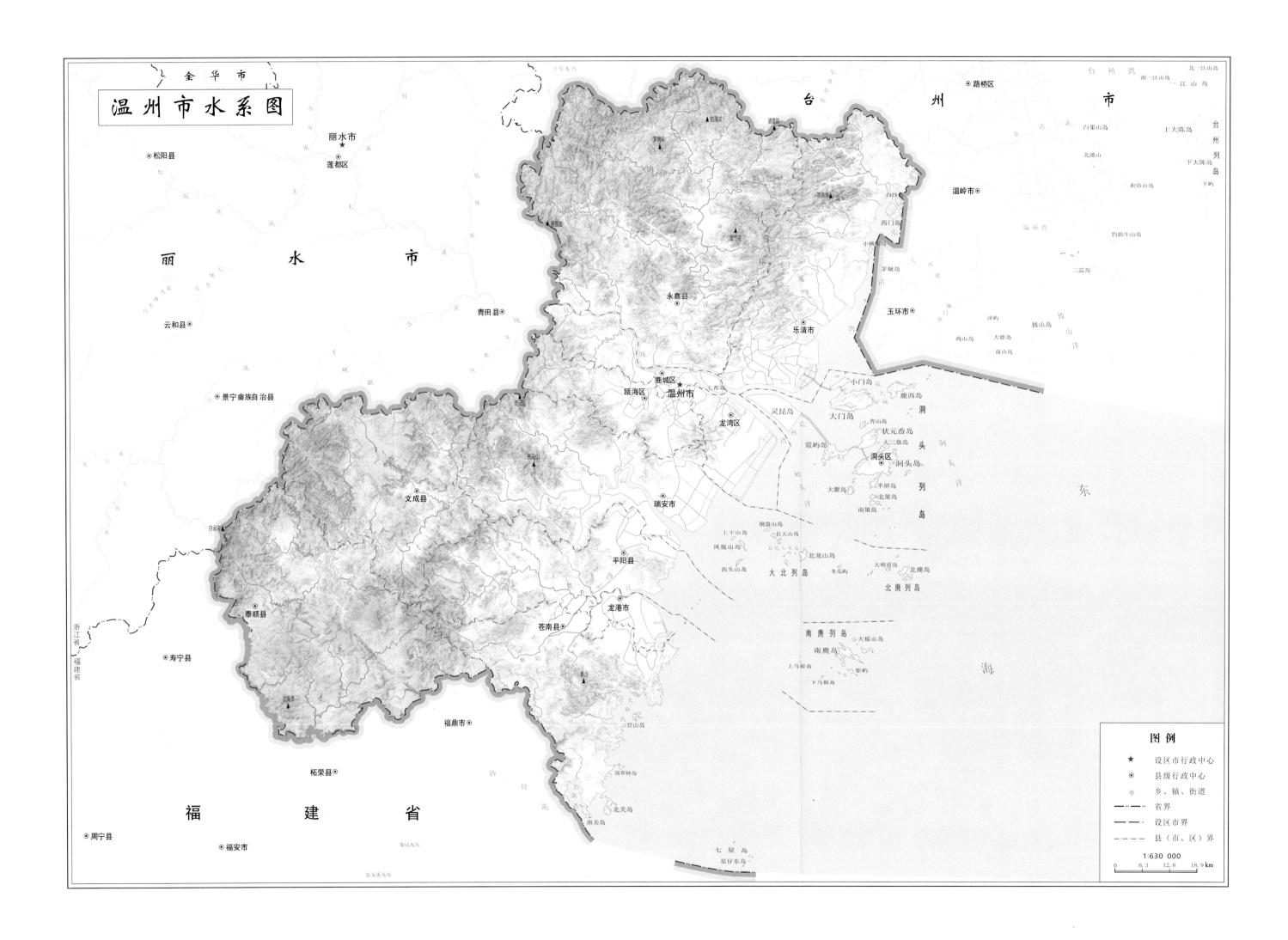

温州市水系图

金华市

丽水市
★
莲都区

松阳县 ⊙

丽　水　市

云和县 ⊙

青田县 ⊙

景宁畲族自治县 ⊙

白云尖

泰顺县 ⊙

浙江省 福建省

寿宁县 ⊙

福　建　省

柘荣县 ⊙

周宁县 ⊙

福安市 ⊙

文成县

五凤山

瑞安市 ⊙

平阳县 ⊙

龙港市 ⊙

苍南县 ⊙

福鼎市 ⊙

四海尖 ▲

雁荡尖

金竹尖 ▲

永嘉县

乐清市 ⊙

鹿城区
瓯海区 ★ 温州市
龙湾区

玉环市 ⊙

台　州　市

路桥区 ⊙

温岭市 ⊙

台州湾

北一江山岛
南一江山岛
一江山岛

白果山岛
上大陈岛
北港山
下大陈岛
台州列岛

积谷山岛

钓浜牛山岛

三蒜岛

小门岛
洞头区 洞头岛 洞头列岛
大门岛
青山岛
状元岙岛
三盘岛
半屏岛
北策岛
南策岛
大瞿岛

灵昆岛

霓屿岛

七都岛

东

鹿西岛

鸡山岛
大鹿岛
前山岛

拔山岛
饭山洋

上干山岛
铜盘山岛 长大山岛
凤凰山岛
齿头山岛
北龙山岛
大北列岛

大明甫岛
北鹿岛
冬瓜屿
北鹿列岛

海

南麂列岛
大檑山岛
南麂岛
上马鞍岛
下马鞍岛
稻挑
子屿

宫山岛

北关岛

南关岛

七星岛
星仔东岛

瑞垟水库

泰园水库

新宋溪水库

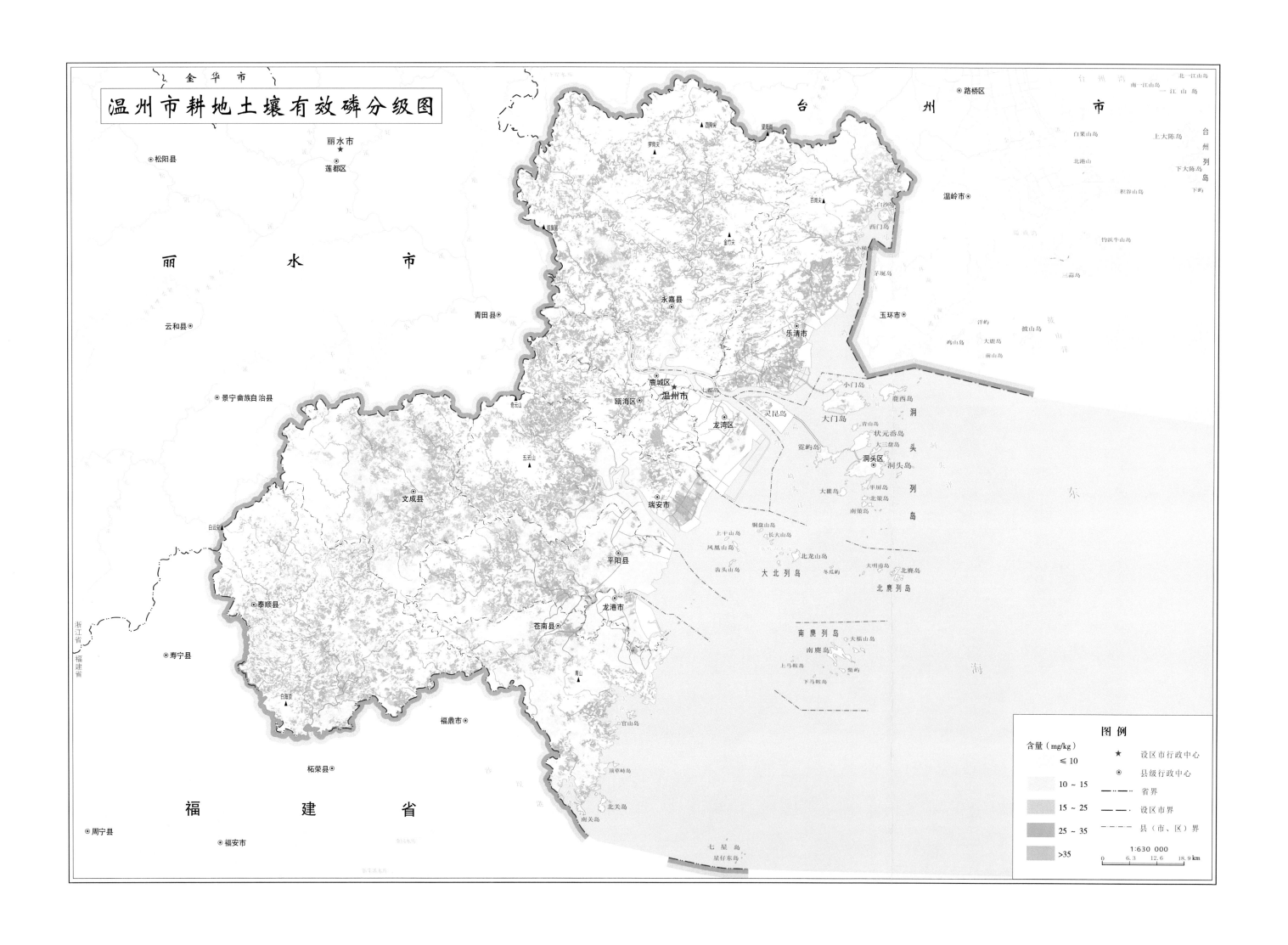

温州市耕地土壤有效磷分级图

金华市

丽水市
★
莲都区

松阳县

丽　水　市

云和县

青田县

景宁畲族自治县

永嘉县

乐清市

玉环市

鹿城区
★
温州市
瓯海区
龙湾区

洞头区

文成县

瑞安市

平阳县

泰顺县

龙港市
苍南县

寿宁县

福鼎市

柘荣县

福　建　省

周宁县

福安市

台　州　市

路桥区

温岭市

大北列岛

南麂列岛

北麂列岛

东

海

图　例

含量（mg/kg）

≤ 10

10 ~ 15

15 ~ 25

25 ~ 35

>35

★　设区市行政中心

◎　县级行政中心

—·—·—　省界

— — —　设区市界

—·—·—　县（市、区）界

1:630 000

0　　6.3　　12.6　　18.9 km

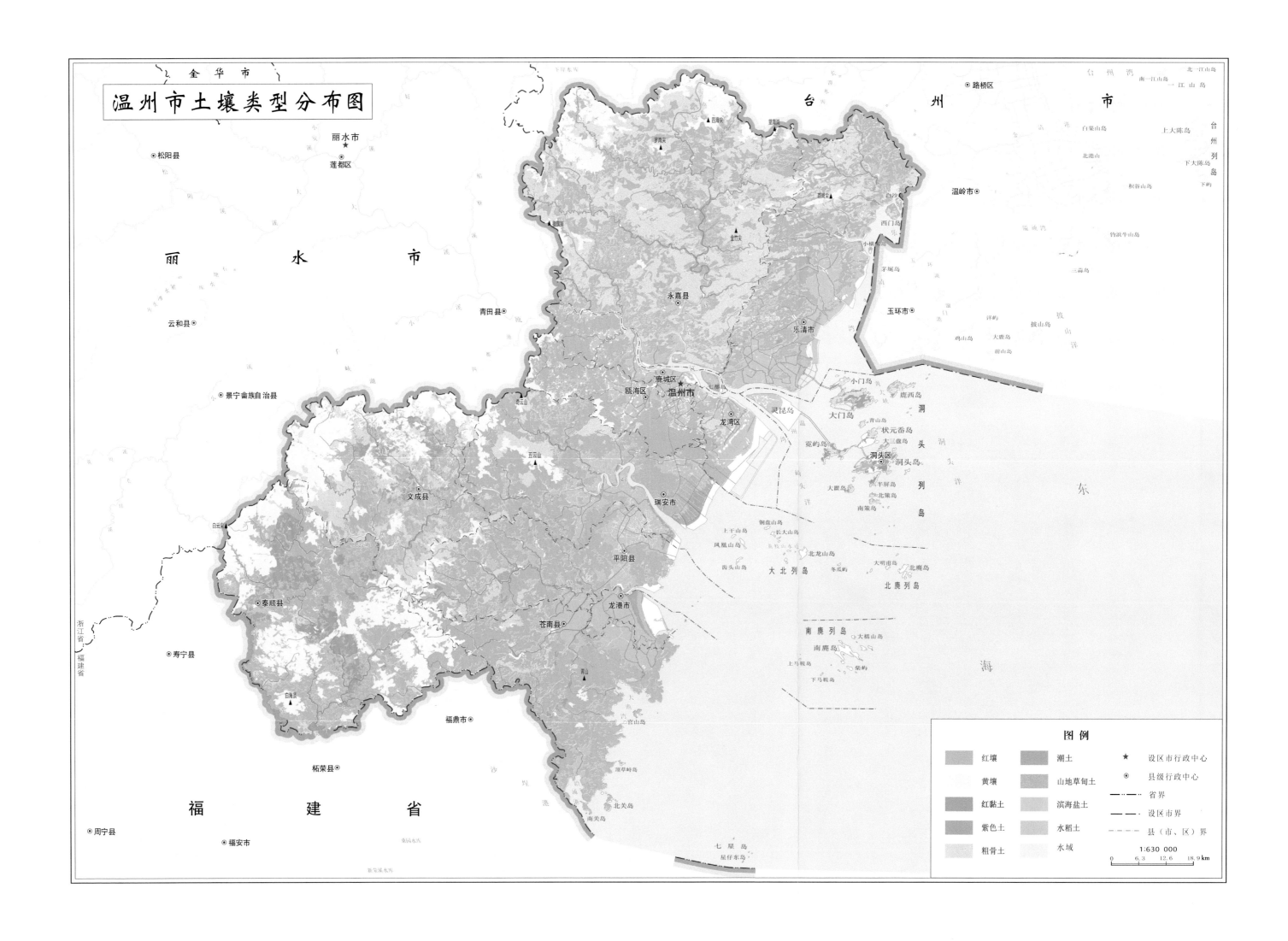

温州市土壤类型分布图

金华市

丽水市
松阳县
莲都区

丽　水　市

云和县

青田县

景宁畲族自治县

浙江省
福建省

寿宁县

福　建　省

周宁县

福安市

柘荣县

福鼎市

路桥区

台　州　湾

北一江山岛
南一江山岛
一江山岛

白果山岛
上大陈岛
台州列岛
北港山
下大陈岛
积谷山岛
下屿

温岭市

钓浜牛山岛

三蒜岛

玉环市

鸡山岛
大鹿山岛
披山洋
前山岛

温州市

永嘉县

乐清市

小门岛
鹿西岛
大门岛
洞
青山岛
状元岙岛
大三盘岛
窑屿岛
洞头区
头
洞头岛
列
大瞿岛
半屏岛
北策岛
岛
南策岛

鹿城区
瓯海区

龙湾区

灵昆岛

东

瑞安市

铜盘山岛
长大山岛
上干山岛
凤凰山岛
北龙山岛
齿头山岛
大明甫岛
北麂岛
大北列岛
冬瓜屿
北麂列岛

海

文成县
五云山

泰顺县
白云尖

平阳县

龙港市
苍南县
青山

宫山岛

南鹿列岛
大檑山岛
南鹿岛
上马戳岛
荣屿
下马戳岛

顶草岭岛

北关岛
南关岛

七星岛
星仔东岛

图　例

红壤	潮土	★ 设区市行政中心
黄壤	山地草甸土	⊙ 县级行政中心
红黏土	滨海盐土	·—·· 省界
紫色土	水稻土	— — 设区市界
粗骨土	水域	- - - 县（市、区）界

1:630 000

0　6.3　12.6　18.9 km

温州市土地利用现状图

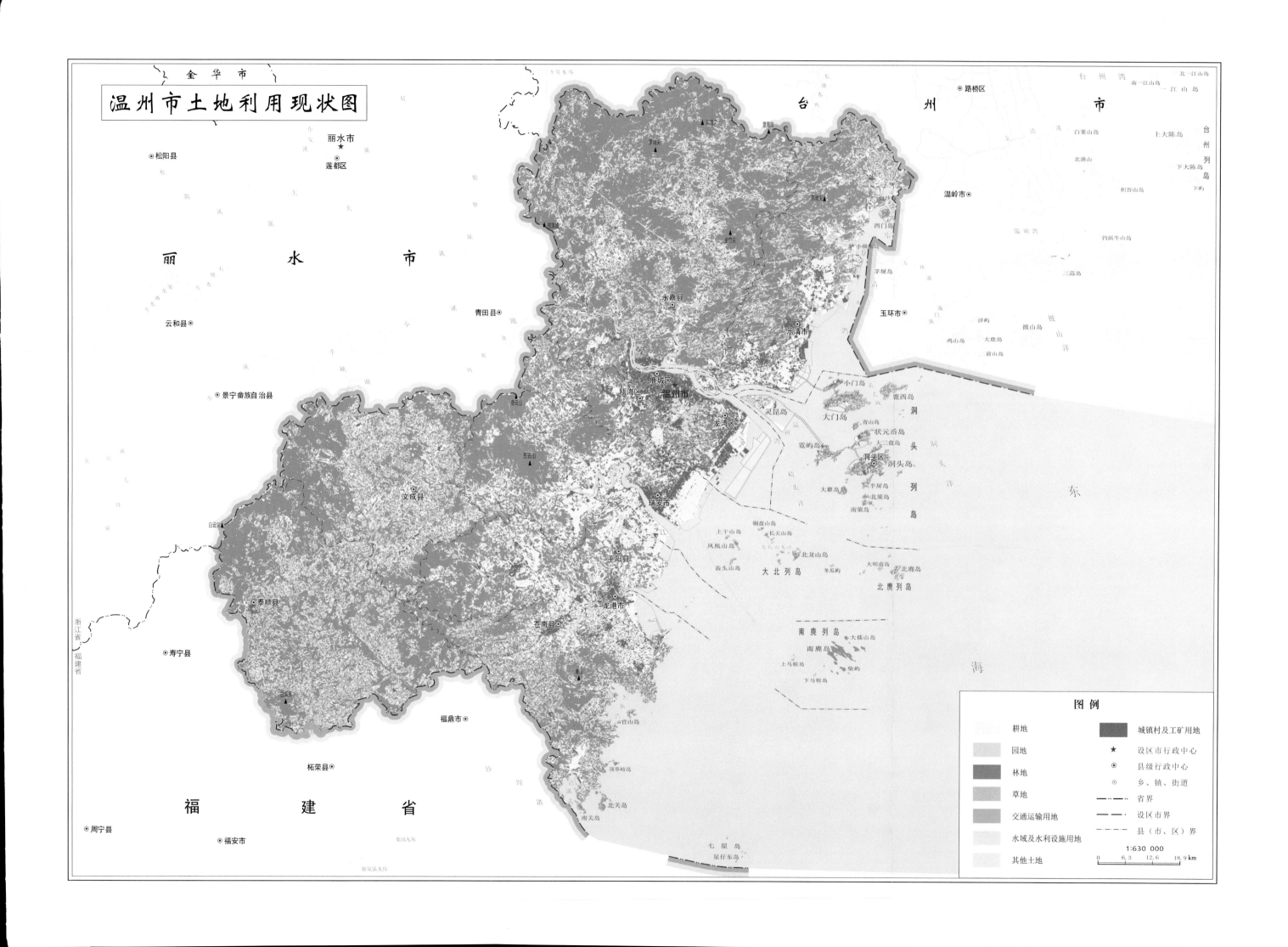

金华市

丽水市

松阳县

莲都区

丽 水 市

云和县

青田县

景宁畲族自治县

永嘉县

文成县

瑞安市

平阳县

泰顺县

龙港市

寿宁县

苍南县

福鼎市

柘荣县

福 建 省

周宁县

福安市

台 州 市

路桥区

台州湾

北一江山岛
南一江山岛
一江山岛

白果山岛
上大陈岛
台州列岛

北港山

下大陈岛
下岛

担杆山岛

温岭市

乐清湾

钓浜牛山岛

玉环市

洋屿

披山岛
披山洋

鸡山岛
大鹿岛
前山岛

三蒜岛

乐清市

小门岛

鹿西岛

霓西岛

大门岛

青山岛
状元岙岛
大三盘岛
宽屿岛

洞头区
洞头岛

洞头列岛

洞头洋

东

鹿城区
瓯海区
温州市

灵昆岛

龙湾区

大瞿岛
半屏岛
北策岛
南策岛

上干山岛
铜盘山岛
长大山岛
凤凰山岛

北龙山岛

大北列岛
茶头山岛

大明甫岛
北鹿岛

海

北麂列岛

南麂列岛
大橘山岛
南麂岛

上马鞍岛
竹屿
下马鞍岛

宫山岛

顶草峙岛

北美岛

七星岛
星仔东岛

浙江省
福建省

图 例

耕地			城镇村及工矿用地
园地		★	设区市行政中心
林地		◎	县级行政中心
草地		◎	乡、镇、街道
交通运输用地		— · — · —	省界
水域及水利设施用地		— — —	设区市界
其他土地		— — —	县（市、区）界

1:630 000

0   6.3   12.6   18.9 km